精选

人气蛋糕全书

彭依莎 主编

江西科学技术出版社

图书在版编目（CIP）数据

精选人气蛋糕全书 / 彭依莎主编. -- 南昌 : 江西科学技术出版社, 2019.5

ISBN 978-7-5390-6623-3

Ⅰ. ①精… Ⅱ. ①彭… Ⅲ. ①蛋糕－糕点加工 Ⅳ. ①TS213.23

中国版本图书馆CIP数据核字(2018)第259556号

选题序号：ZK2018315

图书代码：B18240-101

责任编辑：张旭 万圣丹

精选人气蛋糕全书

JINGXUAN RENQI DANGAO QUANSHU

彭依莎 主编

摄影摄像 深圳市金版文化发展股份有限公司

选题策划 深圳市金版文化发展股份有限公司

封面设计 深圳市金版文化发展股份有限公司

出　　版 江西科学技术出版社

社　　址 南昌市蓼洲街2号附1号

邮编：330009 电话：（0791）86623491 86639342（传真）

发　　行 全国新华书店

印　　刷 深圳市雅佳图印刷有限公司

开　　本 787mm×1092mm 1/16

字　　数 200千字

印　　张 16

版　　次 2019年5月第1版 2019年5月第1次印刷

书　　号 ISBN 978-7-5390-6623-3

定　　价 49.80元

赣版权登字：-03-2019-055

Contents 目录

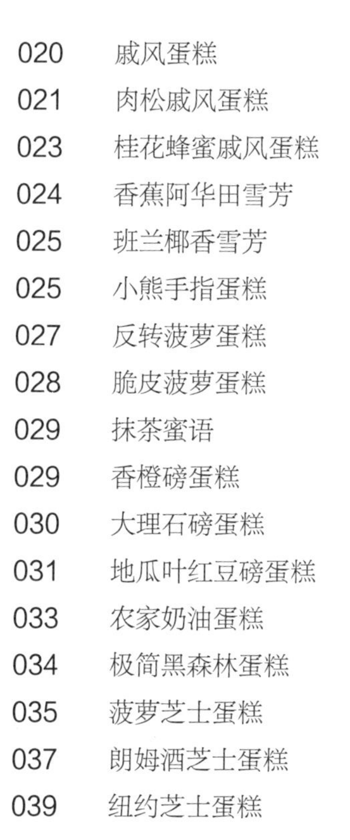

Part 1 人气蛋糕这样做

Part 2 朴素美味的基础蛋糕

Part 3 可爱小巧的纸杯蛋糕

Part 4 别具一格的特色蛋糕

Part 5

时尚花样蛋糕卷

Part 6

免烤芝士、慕斯蛋糕

Part 1

人气蛋糕这样做

蛋糕以其美妙的味道和精致的造型，曾经点缀在欧洲名城的露天咖啡馆中、各种星级酒店中，如今因其制作过程简化，蛋糕也出现在越来越多的家庭中。爱上蛋糕，制作蛋糕，首先从基础做起。各式美味的蛋糕，离不开原料与工具的完美结合与娴熟的手法。

制作蛋糕的常用工具

制作蛋糕，有些工具是经常需要用到的，现在就开始准备这些常备工具吧！

烤箱

烤箱可以用来烤制饼干、点心、蛋糕和面包等食物。它是一种密封的电器，同时也具备烘干的作用。

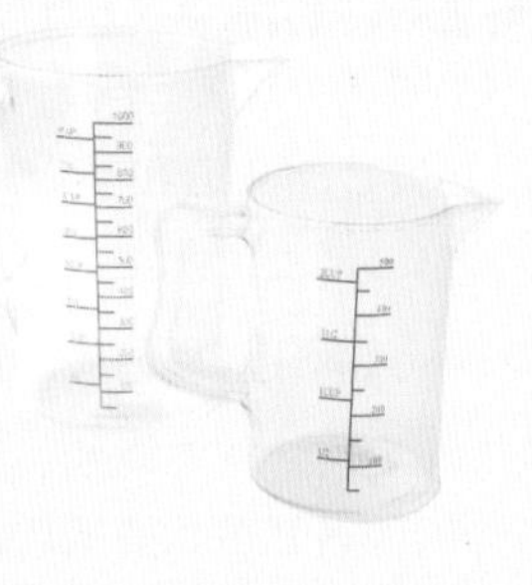

量杯

量杯的杯壁上一般都有容量标识，可以用来量取液体材料，如水、奶等。但要注意读数时的刻度，量取时还要恰当地选择适合的量程。

量勺

量勺通常是塑料或者不锈钢材质的，是带有小柄的一种圆形或椭圆状浅勺，主要用来舀液体或细碎的物体。

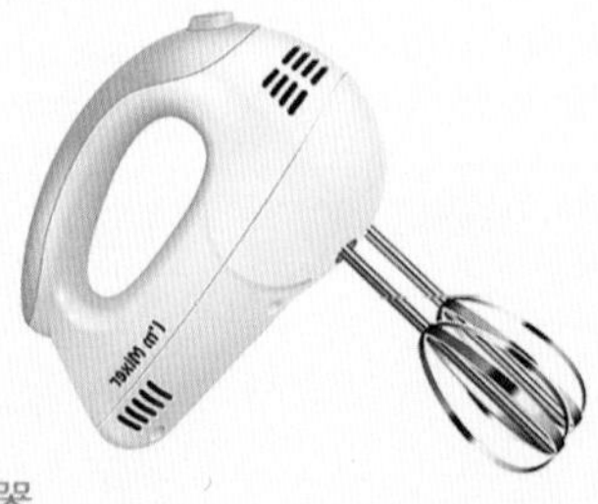

电动搅拌器

电动搅拌器包含一个电机身，配有打蛋头和搅面棒两种搅拌头。电动搅拌器可以使搅拌工作更加快速，使材料搅拌得更加均匀。

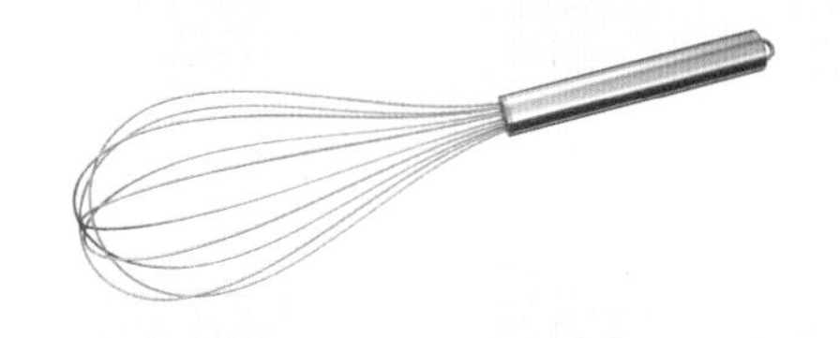

手动搅拌器

手动搅拌器是制作蛋糕时必不可少的工具之一，可以用于打发蛋白、黄油等，但使用时费时费力，适用于材料混合、搅拌等不费力气的步骤中。

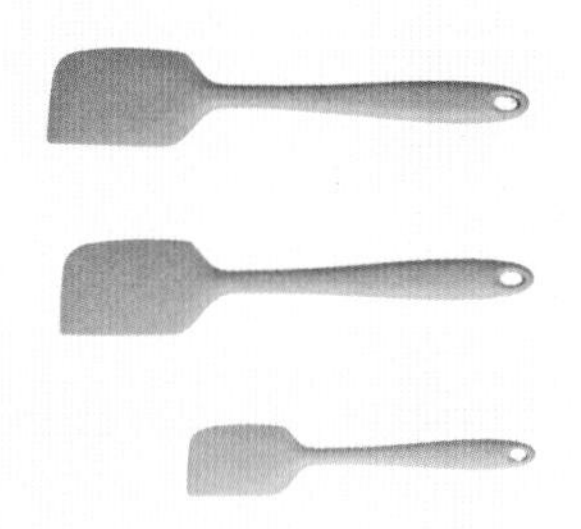

长柄刮刀

长柄刮刀是一种软质、如刀状的工具，是蛋糕制作中不可缺少的利器。它的作用是将各种材料拌匀，同时可以将紧紧贴在碗壁的蛋糕糊刮得干干净净。

筛子

筛子一般都用不锈钢制成，是用来筛取面粉的烘焙工具。底部是漏网状的，用于筛掉面粉中含有的其他杂质。

刮板

刮板通常为塑料材质，用于揉面时铲面板上的面或压拌材料，也可以用来把整好形的小面团移到烤盘上去，还可以用于鲜奶油的装饰整形。

蛋糕脱模刀

蛋糕脱模刀长20～30厘米，一般是塑料或者不锈钢的。把蛋糕脱模刀紧贴蛋糕模壁轻轻地划一圈，倒扣蛋糕模，即可分离蛋糕与蛋糕模。

奶油抹刀

奶油抹刀一般在蛋糕裱花的时候用来抹平奶油，或者在食物脱模的时候用来分离食物和模具，以及其他各种需要刮平或抹平的地方。

齿形面包刀

齿形面包刀形状如普通的厨房小刀，但刀面带有齿锯，一般用来切面包，也可以用来切蛋糕。

裱花袋、裱花嘴

裱花袋是三角形状的塑料袋，裱花嘴是用于塑造奶油形状的圆锥形工具。一般是裱花嘴与裱花袋配套使用，把奶油挤出花纹定型在蛋糕上。

油刷

油刷长约20厘米，一般以硅胶为材质，质地柔软有弹性，且不易掉毛，用于制作蛋糕时在模具表面均匀抹油。

擀面杖

擀面杖是中国一种古老的工具，用来压制面条、面皮，多为木质。一般长而大的擀面杖用来擀面条，短而小的擀面杖用来擀饺子皮，而在蛋糕制作中有协助作用。

玻璃碗

玻璃碗是指玻璃材质的碗，主要用来打发鸡蛋或搅拌面粉、糖、油和水等。制作蛋糕时，要准备两个以上玻璃碗。

电子计时器

电子计时器是一种用来计算时间的仪器。其种类很多，一般厨房计时器都是用来观察制作时间的，以免时间不够或者超时等。

电子秤

准确控制材料的量是成功制作蛋糕的第一步，电子秤是烘焙中非常重要的工具，它适合在西点制作中用于称量需要准确分量的材料。

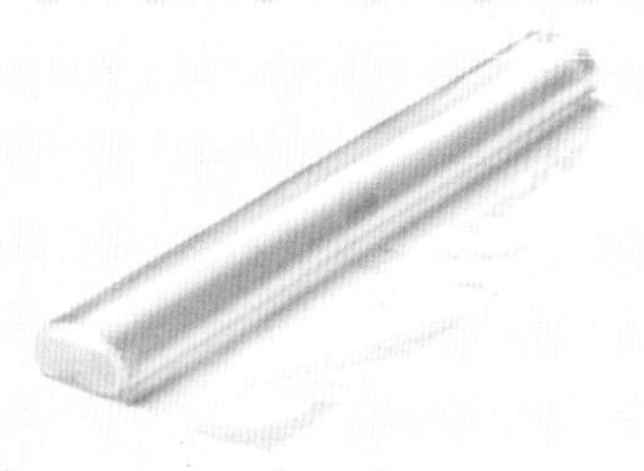

保鲜膜

保鲜膜是人们用来保鲜食物的一种塑料包装制品，在烘焙中常常用于蛋糕放在冰箱保鲜、阻隔面团与空气接触等步骤。

不粘油布

不粘油布的表面光滑，不易黏附物质，并且耐高温，可反复使用。烘焙饼干、面包、蛋糕时垫于烤盘面上，防止粘底。

烘焙纸

烘焙纸用于烘烤食物时垫在烤箱底部，防止食物粘在模具上面导致清洗困难，还可以保证食品的干净卫生。

活底蛋糕模

圆形活底蛋糕模，主要在制作戚风蛋糕、海绵蛋糕时使用。使用这种活底蛋糕模比较方便脱模。其常见规格一般为20厘米、27 厘米等。

蛋糕纸杯

制作麦芬蛋糕或其他的纸杯蛋糕时需用到蛋糕纸杯。有很多种大小规格和花色可供选择，可以根据自己的爱好购买。

制作蛋糕的常用材料

每次只买当次使用的材料非常麻烦，如果已经做好了学烘焙的决心，那么就准备好这些常用材料吧！

高筋面粉

高筋面粉的蛋白质含量在12.5%~13.5%，色泽偏黄，颗粒较粗，不容易结块，比较容易产生筋性，适合用来做面包，有时也用来制作蛋糕。

低筋面粉

低筋面粉的蛋白质含量在8.5%左右，色泽偏白，颗粒较细，容易结块，适合制作蛋糕、饼干等。

泡打粉

泡打粉作为膨松剂，一般是由碱性材料配合其他酸性材料制成，可用来产生气泡，使成品有蓬松的口感，常用来制作西式点心。

塔塔粉

塔塔粉是一种酸性的白色粉末，用来中和蛋白的碱性，帮助增加蛋白泡沫的稳定性，并使材料颜色变白，常用于制作戚风蛋糕。

玉米淀粉

玉米淀粉俗名六谷粉，白色微带淡黄色的粉末，在烘焙中起到使蛋糕加热后糊化的作用，使之变稠。

芝士粉

芝士粉为黄色粉末状，带有浓烈的奶香味，大多用来制作面包、蛋糕以及饼干等，起到增加风味的作用。

奶粉

在制作西点时，使用的奶粉通常都是无脂无糖奶粉。在制作蛋糕、面包、饼干时加入一些奶粉可以增加风味。

无糖可可粉

无糖可可粉中含可可脂，不含糖，带有苦味，容易结块，使用之前最好先过筛。

绿茶粉

绿茶粉是指在最大限度地保持茶叶原有营养成分的前提下，用绿茶茶叶粉碎而成的绿茶茶末，可以用来制作蛋糕、绿茶饼等。

杏仁粉

杏仁制成的粉，通常用来制作马卡龙等甜品。

泡打粉

并不是所有蛋糕只用鸡蛋和牛奶就能蓬松，如素蛋糕等就需要加入泡打粉、小苏打等来使蛋糕蓬松。

糖粉

糖粉一般都是洁白的粉末状，颗粒极其细小，含有微量玉米粉，直接过筛以后的糖粉可以用来制作西式的点心和蛋糕。

细砂糖

细砂糖是经过提取和加工以后结晶颗粒较小的糖，可以用来增加食物的甜味，还有助于保持材料的湿度、香气。

红糖

红糖有浓郁的焦香味。因为红糖容易结块，所以使用前要先过筛或者用水溶化。

蜂蜜

蜂蜜即蜜蜂酿成的蜜，主要成分有葡萄糖、果糖、氨基酸，还有各种维生素和矿物质，是一种天然健康的食品。

枫糖浆

枫糖浆香甜如蜜，风味独特，富含矿物质，而且它的甜度没有蜂蜜高，糖分含量约为66%，是搭配面包、蛋糕成品的最佳食品。

植物油

植物油有橄榄油、大豆油、花生油等。植物油可以代替黄油，天然的植物油对于人体有益，使素食烘焙更美味，更健康。

片状酥油

片状酥油是一种浓缩的淡味奶酪，由水乳制成，色泽微黄，在制作时要先刨成丝，经高温烘烤就会化开。

酸奶

酸奶是以新鲜的牛奶作为原料，经过有益菌发酵而成的，是一种很好的制作面包、蛋糕的添加剂。

黄油

黄油又叫乳脂、白脱油，是将牛奶中的稀奶油和脱脂乳分离后，使稀奶油成熟并经搅拌而成的。黄油一般应置于冰箱存放。

牛奶

营养学家认为，在人类饮食中，牛奶是营养成分最高的饮品之一。用牛奶代替水来和面，可以使面团更加松软、更具香味。

淡奶油

淡奶油又叫动物淡奶油，是由牛奶提炼出来的，白色如牛奶状，但是比牛奶更为浓稠。淡奶油在打发前需要放在冰箱冷藏8小时以上。

豆浆

在素蛋糕中，豆浆可以使面粉黏合，代替奶制品使用。

吉利丁片

吉利丁片又称动物胶、明胶，呈透明片状，食用时需先以5倍的冷水泡开，可溶于40℃的温水中，一般用于制作果冻及慕斯蛋糕。

蔓越莓干

蔓越莓干又叫作蔓越橘、小红莓，经常用于面包、蛋糕的制作，可以增添烘焙甜品的口感。

鸡蛋

鸡蛋的营养丰富，在制作面包、蛋糕的过程中常用到。鸡蛋最好放在冰箱内保存。

葡萄干

葡萄干是由葡萄晒干加工而成的，味道鲜甜，不仅可以直接食用，还可以添加在糕点中加工成食品，供人品尝。

核桃仁

核桃仁又叫作胡桃仁，口感略甜，带有浓郁的香气，是点心的最佳伴侣。烘烤前先用低温烤5分钟使其溢出香气，再加入面团中会更加美味。

红豆

通常烘焙中使用的红豆为蜜红豆，甜蜜软糯，与抹茶更是相得益彰。

黑巧克力

黑巧克力由可可液块、可可脂、糖和香精制成，主要原料是可可豆。黑巧克力常用于制作蛋糕。

白巧克力

白巧克力由可可脂、糖、牛奶以及香料制成，是一种不含有可可粉的巧克力，但含乳制品和糖分较多，因此甜度更高。

椰蓉

椰蓉由椰子的果实加工而成，可以作为面包的夹心馅料，有独特的风味。

水果

选用含水量比较少的水果，可制作出不同口味的产品。水果有天然的甜味，可以增添独特的风味。

酒类

少量的酒可以去除烘焙产品中鸡蛋的腥味，或者是提升产品的风味。在配方中酒类使用的量都不多，所以不用担心对身体有不良影响。常用酒类有朗姆酒、白兰地、君度橙酒等。

蛋糕制作常用技法

制作蛋糕有一些注意事项，经过长期实践，这样做制成蛋糕的成功率更高！

黄油

黄油状态

1.冰无盐黄油：质地坚硬，呈浅黄色，这是刚从冰箱中拿出的状态。冻硬的无盐黄油是无法打发的，需要放在室温中软化，也有一些饼干需要使用冰无盐黄油。

2.室温软化的无盐黄油：通常来说，确定无盐黄油软化的程度，用手指轻轻地在无盐黄油上戳一下，可以戳出一个指印，即是合适的软化程度。

3.液态的无盐黄油：有时会需要用到液体状态的无盐黄油，有两种方法解冻，一是将无盐黄油隔水加热至融化，二是将其放至微波炉中高火热30秒。

黄油打发

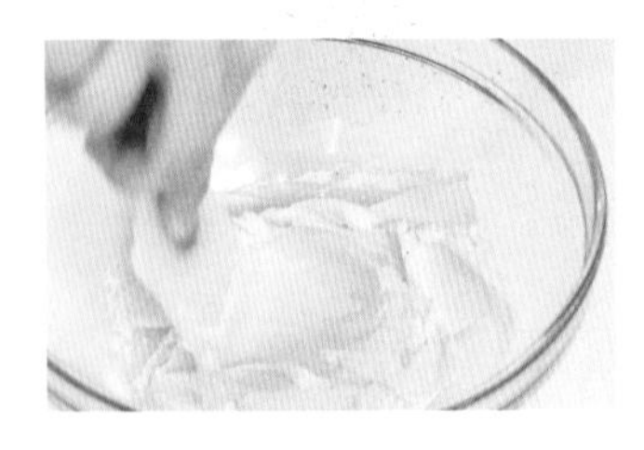

1.无盐黄油先在室温下软化，搅拌开来，过硬的无盐黄油打发后会变成蛋花状。

2.加入糖类，如糖粉、糖霜、细砂糖、糖浆等。

3.使用电动打蛋器搅打至蓬松发白。

硬性发泡

硬性发泡即是将蛋清及糖类倒入搅拌盆中，用电动打蛋器快速打发，至提起打蛋头可以拉出鹰嘴状。

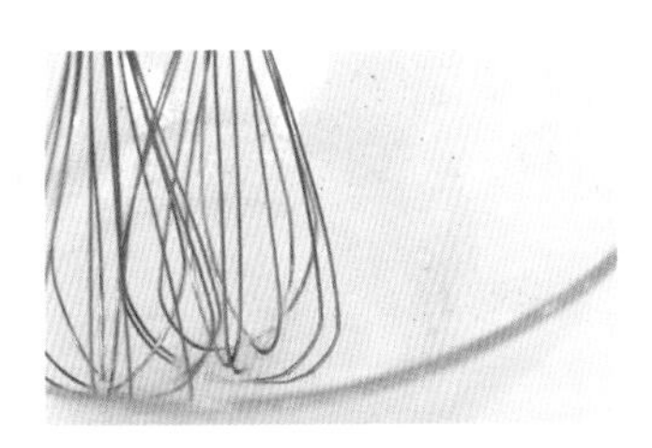

注意：

此操作过程中所用的容器和打蛋器必须无水无油，且要加入糖类，否则可能出现无法打发，持续呈现液体状的情况。初学者可以加些许柠檬汁，以提高成功率。

全蛋或蛋黄打发

全蛋或蛋黄打发时，将搅拌盆放于装有热水的大盆中，隔水加热，可降低鸡蛋的黏性，更容易搅打成发泡状态。

打发好的全蛋有如下特征（在制作过程中可帮助判断）：

①颜色发白，气泡均匀；

②用刮刀舀起，蛋液流回搅拌盆会呈折叠状，再缓缓沉没其中。

液体

分次倒入

将配方中的液体材料分次倒入打成羽毛状的黄油中。

每次倒入都需要将液体与黄油搅打均匀，这样才能保证黄油与液体材料充分混合，减少一次性加入过多的液体导致水油分离的情况。

粉类

过筛粉类

质地细腻的粉类吸收了空气中的水分会发生结块的情况，使用时需要过筛。

过筛的方式有两种，一种是直接筛入打发的黄油中；另一种是将粉类提前过筛备用。

但放置时间不宜过长，否则粉类会再次结块。

脱模

慕斯蛋糕

慕斯蛋糕的脱模方法有两种。其一，取出冷藏的蛋糕，撕下包在底部的保鲜膜，用喷火枪在慕斯圈四周均匀加热，双手扶住慕斯圈两边，向上提起，慕斯蛋糕即可完整脱离模具。其二，用毛巾蘸取热水，敷在慕斯圈四周，起到加热效果，其余步骤同第一种方法。

烤制蛋糕

将烤好的蛋糕从烤箱中取出，放凉。第一步，用抹刀轻轻分离蛋糕与模具的边缘。第二步，用手轻柔拨起蛋糕边缘，使蛋糕底部与模具完全分离。若使用活底蛋糕模，则在完成第一步后直接从底部将蛋糕托出，再用抹刀分割蛋糕及模具底即可。

戚风蛋糕

注意事项

1.打发蛋清要使用冷藏的鸡蛋，较低的温度可以使打发的蛋清更加坚挺、细腻。
2.打发蛋清时，细砂糖分三次加入，可使打出的气泡数量更多、体积更大，烤制的蛋糕口感也更松软。
3.打发蛋清时切勿过度打发，打至可提起鹰嘴状、纹理细致、表面富有光泽即可。若出现颗粒状，则是打发过度，会使烤制的蛋糕口感干燥，表面布满小气孔。
4.先将打发的蛋白霜少部分加入蛋黄糊中，是为了减小蛋白霜及蛋黄糊的比重差，使两者质地更接近，有利于制作过程中的混拌步骤。

海绵蛋糕

注意事项

1.海绵蛋糕烤好后要放到桌子上震动几下，释放出其中的水蒸气，可减少蛋糕体的塌馅。同时采取倒扣冷却的方式，可使蛋糕体的纹理更均匀，表面更平整。若蛋糕表面产生皱纹，则可能是烘烤温度太低，烘烤时间过长，导致蛋糕内部水分散失，体积缩小；也可能是烘烤时间不足，内部组织过于柔软，产生塌馅。
2.想要增加海绵蛋糕的柔润口感，可采取两种方式。其一，增加蛋糕糊中的水分，可将牛奶及黄油一起加热，混合均匀后，倒入蛋糕糊中，搅拌均匀。其二，增加细砂糖的分量，在烘烤过程中细砂糖有助于保持蛋糕糊中的水分，增加蛋糕柔润口感。

常见问题和制作关键

蛋糕制作成功标志不是能吃、有味道，而是松软、外形美观、口感好。而制作蛋糕成功的关键秘诀，就在这里！

打蛋糕糊时，蛋糕油沉底变成硬块

解决方法

先把糖打至融化，再加入蛋糕油，快速打散，这样就可防止蛋糕油沉底。

蛋糕轻易断裂而且不柔软

解决方法

主要是原料中的蛋和油不够，要适当增加原料中蛋和油的分量。

蛋糕烤出来变得很白

解决方法

是由于烘烤过度引起的，调节炉温或烘烤时间可以解决这一问题。

蛋糕内部组织粗疏

解决方法

主要和搅拌有关，应当在高速搅拌后慢速排气。

蛋糕出炉后凹陷或回缩

解决方法

①烤箱的温度最好能均匀散布，这样可使蛋糕受热相对均匀，周边烘烤程度与中央部分的不同削减，可防止蛋糕缩减；

②炉温要把握准确，前期用较暖和的炉温烘烤，后期炉温调低，延长烘烤时间，使蛋糕中央的水分与周边差别不能太大；

③在蛋糕尚未定型之前，不能打开炉门；

④出炉后立刻脱离烤盆，翻过来冷却；或出炉时，让烤盆拍打地板，使蛋糕受一次较大的摇动，减少后期回缩。

蛋糕很散，没有韧性

解决方法

鸡蛋的用量是影响蛋糕韧性的主要因素，只有增加鸡蛋的用量，蛋糕韧性才会明显提高。

蛋糕烤出来很硬

解决方法

①面粉搅拌时间过长，使面粉起筋，搅拌时间应适当调短；
②原料中鸡蛋的用量太少，应适当增加鸡蛋的用量；
③原料中面粉太多，应适当减少；
④炉温低，烤的时间长，应适当控制烘烤的温度和烘烤时间；
⑤鸡蛋没有完全打发，应将鸡蛋完全打发。

蛋糕内有大孔洞

解决方法

①原料用糖太多，糖的用量应严格参照原料配比；
②蛋糕糊未搅拌均匀，蛋糕糊拌打应均匀；
③泡打粉和面粉没有过筛；
④面糊水分不够，太干，应加大面糊的水分；
⑤烘烤时底火太大，应将底火调到合理的温度。

Part 2

朴素美味的基础蛋糕

相较于面包的朴实松软，蛋糕则多了一层精致浪漫的外衣，赏心悦目之余，更是带来舌尖的美好体验。本章详细介绍了多款朴素又美味的基础款蛋糕的制作方法，看着图片都感觉甜香好似扑鼻而来。你是否已迫不及待想要自己动手？

戚风蛋糕

烘焙：20分钟　难易度：★☆☆

材料

蛋黄4个，细砂糖100克，色拉油45毫升，牛奶45毫升，低筋面粉70克，泡打粉1克，盐1克，蛋白4个，柠檬汁1毫升

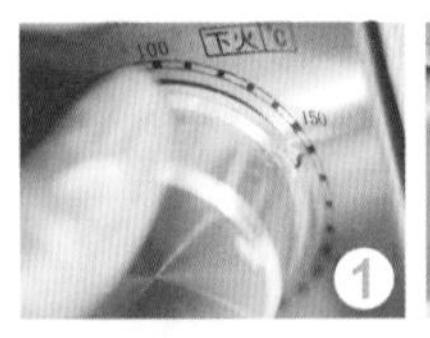

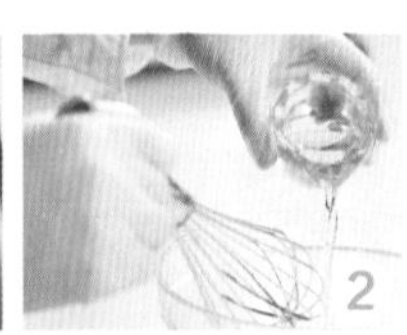

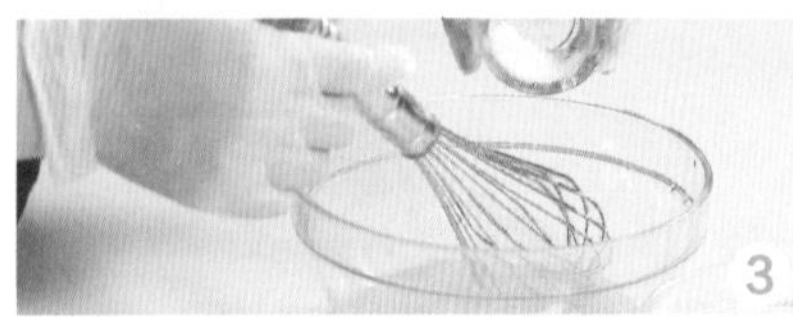

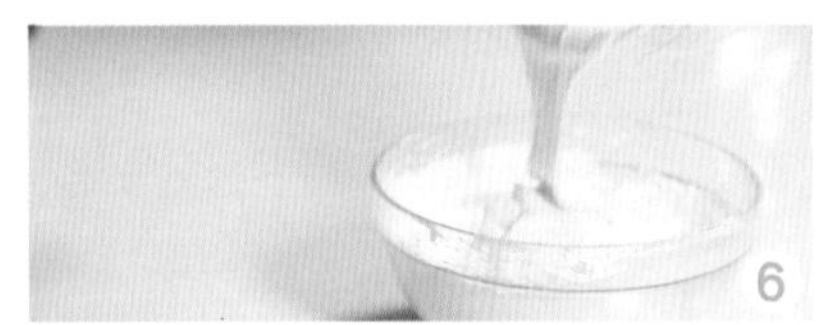

做法

1 烤箱通电，以上火170℃、下火160℃预热。

2 将色拉油、牛奶和20克细砂糖搅拌均匀。

3 加入蛋黄、盐搅拌均匀，加入泡打粉拌匀。

4 加入低筋面粉，拌至无面粉小颗粒。

5 另置一玻璃碗，倒入蛋白，加入80克细砂糖，用电动搅拌器打至硬性发泡后，加入柠檬汁继续搅拌。

6 先将蛋黄面粉糊和一半的蛋白糊混合，从底往上翻拌均匀，再倒入另一半蛋白糊。

7 拌匀后倒入蛋糕模具，使其表面平整。

8 放入烤箱烤20分钟左右，烤好后马上取出倒扣晾凉以防回缩，彻底冷却后，将蛋糕倒出来即可。

烘焙妙招

烤的时候不能使用防黏的蛋糕模，以免膨胀不均匀。

肉松戚风蛋糕

烘焙：20分钟　难易度：★☆☆

材料

蛋黄50克，细砂糖100克，色拉油45毫升，牛奶45毫升，低筋面粉70克，泡打粉1克，盐1克，蛋白100克，柠檬汁1毫升，肉松100克

做法

1. 烤箱通电，以上火170℃、下火160℃进行预热。
2. 将色拉油、牛奶和20克细砂糖拌匀。
3. 加入蛋黄搅拌均匀，加入盐拌匀，再加入泡打粉搅拌均匀。
4. 加入低筋面粉并用搅拌器搅拌均匀至无颗粒。
5. 另取玻璃碗，在蛋白中加入80克细砂糖，打至硬性发泡，加入柠檬汁继续搅拌。
6. 先将蛋黄糊和一半蛋白糊混合，倒入蛋糕模具，用长柄刮刀刮平表面。
7. 把肉松均匀撒在面糊上。
8. 放入烤箱烤20分钟左右，烤好后马上取出倒扣晾凉以防回缩，冷却后，将蛋糕倒出来即可。

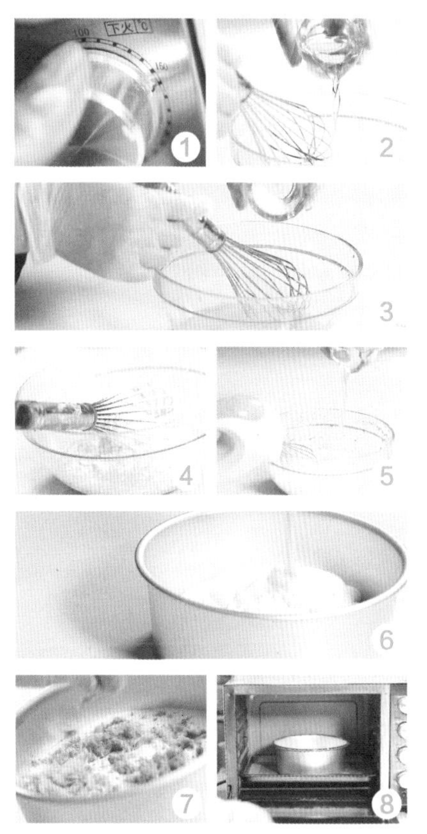

烘焙妙招

制作戚风蛋糕一定要使用无味的植物油。

桂花蜂蜜戚风蛋糕

扫一扫学烘焙

烘焙：25分钟　难易度：★★☆

材料

蛋黄糊：低筋面粉70克，蛋黄3个，糖粉20克，牛奶60毫升，色拉油40毫升；**蛋白霜**：蛋清140克，糖粉50克；**装饰**：淡奶油200克，糖粉40克，蜂蜜10克，干桂花适量

做法

1 在搅拌盆中倒入色拉油及牛奶，搅拌均匀。

2 倒入20克糖粉，搅拌均匀。

3 筛入低筋面粉，搅拌均匀。

4 倒入蛋黄，搅拌均匀（注意不要过度搅拌），制成蛋黄糊。

5 将蛋清及50克糖粉倒入另一搅拌盆中，用电动搅拌器快速打发，制成蛋白霜，将蛋白霜的1/3倒入蛋黄糊中，搅拌均匀，再倒回剩余的蛋白霜中，搅拌均匀，制成蛋糕糊。

6 将蛋糕糊倒入蛋糕模具中，震动几下，放入预热至175℃的烤箱烘烤约25分钟，烤好后，将模具倒扣、放凉。

7 在一新的搅拌盆中倒入淡奶油及40克糖粉，快速打发，倒入蜂蜜，搅拌均匀。

8 取出烤好、放凉的蛋糕体，在表面均匀抹上步骤7中的混合物，撒上干桂花即可。

烘焙妙招

抹奶油时要匀速转动转盘，拿抹刀的手要稳。

香蕉阿华田雪芳

烘焙：25分钟　难易度：★☆☆

材料

蛋黄糊：蛋黄2个，细砂糖30克，色拉油10毫升，阿华田粉20克，水30毫升，香蕉泥100克，低筋面粉50克，粟粉10克，泡打粉1克；**蛋白霜**：蛋清2个，细砂糖20克；**装饰**：已打发的淡奶油适量

扫一扫学烘焙

做法

1 将阿华田粉倒入水中，搅拌均匀。
2 将蛋黄及30克细砂糖倒入搅拌盆中，搅拌均匀。
3 倒入步骤1的阿华田混合液。
4 倒入色拉油及香蕉泥，搅拌均匀。
5 筛入低筋面粉、粟粉及泡打粉搅拌均匀，制成蛋黄糊。
6 将蛋清及20克细砂糖倒入搅拌盆中，快速打发，制成蛋白霜。
7 将1/3蛋白霜倒入蛋黄糊中，搅拌均匀，再倒回剩余的蛋白霜中，搅拌均匀，制成蛋糕糊。
8 将蛋糕糊倒入模具中，放入预热至170℃的烤箱中烘烤约25分钟，取出脱模，放凉，挤上已打发的淡奶油。

烘焙妙招

烤好后，将模具倒扣脱模，以防塌陷。

班兰椰香雪芳

烘焙：25分钟　难易度：★☆☆

材料

鸡蛋2个，椰浆10克，细砂糖30克，班兰油数滴，低筋面粉40克，泡打粉1克，橄榄油20毫升，椰丝适量

做法

1. 将鸡蛋的蛋黄、蛋清分离。
2. 蛋黄中加15克细砂糖、橄榄油、椰浆、低筋面粉、泡打粉、椰丝、班兰油拌均匀。
3. 蛋清中加15克细砂糖，用电动搅拌器快速打发至可提起鹰嘴状，制成蛋白霜。
4. 将蛋白霜倒入蛋黄糊中拌匀，制成蛋糕糊。
5. 将蛋糕糊倒入中空蛋糕模中，放进预热至170℃的烤箱中，烘烤约25分钟，烤好后，取出，将模具倒扣，放凉，脱模即可。

小熊手指蛋糕

烘焙：10分钟　难易度：★☆☆

材料

蛋黄糊：蛋黄1个，细砂糖15克，牛奶15毫升，糖粉适量，低筋面粉30克；**蛋白霜**：蛋清1个，细砂糖15克；**装饰**：巧克力20克

做法

1. 将蛋黄、15克细砂糖、牛奶，搅拌均匀，筛入低筋面粉及糖粉拌匀，制成蛋黄糊。
2. 将蛋清及15克细砂糖打发，制成蛋白霜。
3. 将蛋白霜倒入蛋黄糊中搅拌均匀，制成蛋糕糊，装入裱花袋中，在烤盘上挤出小熊的形状，放进预热至180℃的烤箱中烘烤约10分钟。
4. 将巧克力融化后装入裱花袋中，在烤好的蛋糕上画出眼睛、耳朵、嘴巴即可。

反转菠萝蛋糕

扫一扫学烘焙

烘焙：25分钟　难易度：★☆☆

材料

表层材料：菠萝150克，细砂糖30克，无盐黄油30克；**蛋黄糊**：蛋黄4个，糖粉30克，低筋面粉55克，无盐黄油40克；**蛋白霜**：蛋清4个，糖粉40克

做法

1. 将30克无盐黄油及30克细砂糖倒入锅中，加热煮至黏稠状，倒入模具底部。
2. 菠萝切厚片，放入模具中。
3. 取一新的搅拌盆，倒入蛋黄及30克糖粉，搅拌均匀。
4. 筛入低筋面粉，搅拌均匀。
5. 将40克无盐黄油加热融化，分次倒入步骤4的搅拌盆中，搅拌均匀。
6. 取一新的搅拌盆，倒入蛋清和40克糖粉，用电动搅拌器快速打发，制成蛋白霜。
7. 将1/3蛋白霜加入步骤5的搅拌盆中，搅拌均匀，再倒回剩余的蛋白霜中，搅拌均匀，制成蛋糕糊。
8. 将蛋糕糊倒入蛋糕模具中，放入预热至175℃的烤箱中烘烤约25分钟即可。

烘焙妙招

蛋糕模具内可先刷一层融化的黄油，更易脱模。

脆皮菠萝蛋糕

烘焙：16分钟　难易度：★★☆

材料

蛋黄糊：蛋黄2个，细砂糖20克，低筋面粉40克，粟粉10克，泡打粉2克，芝士片40克，香草精2滴，牛奶30毫升，色拉油10毫升；**蛋白霜：**蛋清2个，细砂糖20克

扫一扫学烘焙

做法

1 在干净的搅拌盆中倒入蛋黄和20克细砂糖，搅拌均匀。

2 倒入牛奶及色拉油搅拌均匀。

3 倒入香草精，搅拌均匀。

4 筛入低筋面粉、粟粉及泡打粉，搅拌均匀，制成蛋黄糊。

5 将蛋清及20克细砂糖，倒入新的搅拌盆中打发，制成蛋白霜。

6 将1/3的蛋白霜倒入蛋黄糊中，搅拌均匀，再倒回剩余的蛋白霜中，搅拌均匀，制成蛋糕糊。

7 在芝士片上切割出田字格。

8 烤盘垫上油纸，将蛋糕糊倒入模具中，在表面放上芝士片，放入预热至170℃的烤箱中烘烤约16分钟即可。

抹茶蜜语

烘焙：30分钟　难易度：★★☆

材料

蛋白4个，细砂糖50克，蛋黄4个，低筋面粉60克，抹茶粉10克，色拉油30毫升，牛奶30毫升，动物性淡奶油100毫升，水果适量，红豆适量，糖粉适量

做法

1. 把蛋黄、色拉油、牛奶、细砂糖、低筋面粉和抹茶粉，搅拌成黏稠的糊状。
2. 将蛋白和细砂糖打至硬性发泡，加入面粉糊中，翻拌均匀，倒入模具中，放入预热至160℃的烤箱中烘烤30分钟。
3. 烤好后将蛋糕脱模，用裱花袋将打发好的淡奶油挤在蛋糕上，筛上糖粉，用水果和红豆点缀即可。

香橙磅蛋糕

烘焙：35分钟　难易度：★☆☆

材料

芥花籽油30毫升，蜂蜜50克，盐0.5克，柠檬汁7毫升，香橙汁80毫升，低筋面粉70克，淀粉15克，泡打粉1克，热带水果干20克

做法

1. 将芥花籽油、蜂蜜倒入搅拌盆中，用手动搅拌器搅拌均匀，倒入盐、柠檬汁、香橙汁，搅拌均匀。
2. 将低筋面粉、淀粉、泡打粉过筛至搅拌盆里，搅拌至无干粉的状态，倒入热带水果干，搅拌均匀，制成蛋糕糊。
3. 取蛋糕模具，倒入蛋糕糊，放入已预热至180℃的烤箱中层，烤约35分钟，取出，脱模后切块装盘即可。

大理石磅蛋糕

烘焙：25～30分钟　难易度：★★☆

材料

材料A：无盐黄油120克，细砂糖60克，鸡蛋100克；**材料B**：低筋面粉40克，泡打粉1克；**材料C**：低筋面粉35克，可可粉5克，泡打粉1克；**材料D**：低筋面粉35克，抹茶粉5克，泡打粉1克

做法

1 将室温软化的无盐黄油倒入搅拌盆中，加入细砂糖，拌匀，再用电动搅拌器将其打发。
2 分两次加入鸡蛋，搅拌均匀。
3 将混合物分成三份。
4 一份筛入40克低筋面粉及1克泡打粉，搅拌均匀，制成原味蛋糕糊。
5 一份筛入35克低筋面粉、1克泡打粉及可可粉，搅拌均匀，制成可可蛋糕糊。
6 最后一份筛入35克低筋面粉、1克泡打粉及抹茶粉，搅拌均匀，制成抹茶蛋糕糊。
7 将所有蛋糕糊依次倒入铺好油纸的模具中抹匀。
8 放入预热至180℃的烤箱中烘烤25～30分钟，待蛋糕体积膨大，取出放凉，脱模即可。

烘焙妙招

面糊倒入模具后适当搅拌就好，过度搅拌就没有纹路。

地瓜叶红豆磅蛋糕

烘焙：35分钟　难易度：★☆☆

材料

地瓜叶30克，植物油60毫升，细砂糖60克，牛奶150毫升，鸡蛋50克，低筋面粉130克，泡打粉5克，熟地瓜80克，红豆粒30克

做法

1 锅中倒入适量植物油，放入地瓜叶，炒熟，放凉。
2 将炒好的地瓜叶和牛奶倒入榨汁机中，制成地瓜叶牛奶汁。
3 将鸡蛋及细砂糖倒入搅拌盆中，用手动搅拌器搅打均匀，倒入剩余的植物油，拌匀。
4 将地瓜叶牛奶汁倒入步骤3的混合物中拌均匀。
5 筛入低筋面粉及泡打粉，搅拌均匀。
6 再倒入2/3的红豆粒，搅拌均匀，制成蛋糕糊。
7 将蛋糕糊倒入磅蛋糕模具中，在表面放上熟地瓜和剩余红豆粒。
8 最后放入预热至180℃的烤箱中，烘烤约35分钟，烤好后取出放凉，脱模即可。

烘焙妙招

地瓜叶不要炒过头，否则会影响成品色泽。

农家奶油蛋糕

烘焙：20分钟　难易度：★☆☆

材料

鸡蛋120克，低筋面粉50克，细砂糖50克，色拉油15毫升，淡奶油50克

做法

1 将鸡蛋、细砂糖倒入大玻璃碗中。
2 边隔水加热，边用电动搅拌器搅打至发白。
3 将低筋面粉过筛至碗里，用橡皮刮刀翻拌至无干粉状态。
4 倒入少许色拉油，继续翻拌均匀，制成蛋糕糊。
5 将蛋糕糊装入裱花袋里，用剪刀在裱花袋尖端处剪一个小口。
6 取烤盘，铺上油纸，再挤出两个大的圆形蛋糕糊。
7 将烤盘放入已预热至180℃的烤箱中，烤20分钟，制成蛋糕，取出，冷却。
8 将淡奶油倒入另一个大玻璃碗中，用电动搅拌器搅拌打发至九分。
9 将已打发的淡奶油装入套有圆形裱花嘴的裱花袋里，用剪刀在裱花袋尖端处剪一个小口。

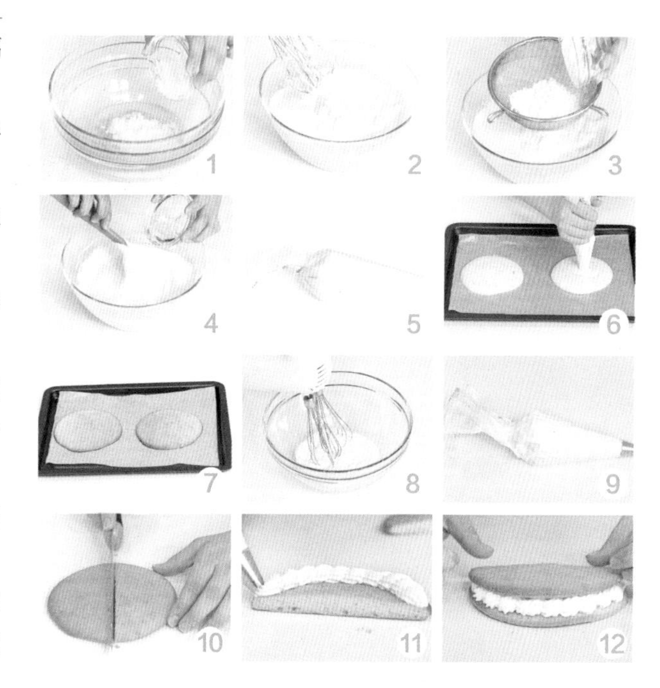

10 将蛋糕坯对半切开。
11 将一块蛋糕翻面朝上，挤上已打发的淡奶油。
12 盖上另一块蛋糕即可。

极简黑森林蛋糕

烘焙：25分钟　难易度：★☆☆

材料

蛋黄75克，色拉油80毫升，低筋面粉50克，牛奶80毫升，可可粉15克，细砂糖60克，蛋白180克，塔塔粉3克，草莓适量

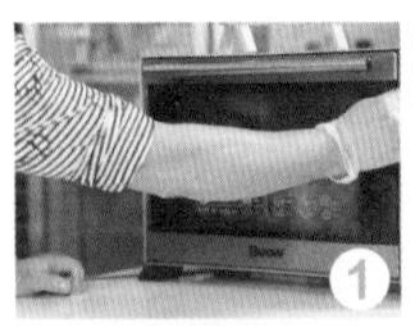
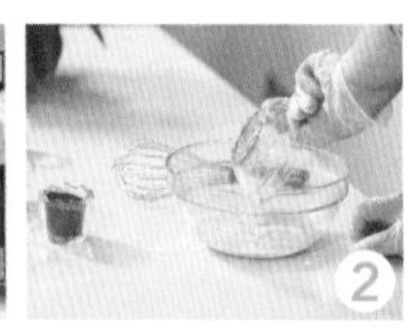

做法

1 将烤箱上火调至180℃，下火调至160℃预热。

2 在碗中倒入牛奶和色拉油搅拌均匀。

3 倒入低筋面粉、可可粉、蛋黄继续搅拌。

4 另置一个玻璃碗，倒入蛋白，用电动搅拌器稍微打发，倒入细砂糖、塔塔粉，继续打发至竖尖状态为佳。

5 将打好的蛋白倒入面糊中，充分翻拌均匀。

6 把搅拌好的混合面糊倒入方形模具中，将模具轻轻震荡，排出里面的气泡。

7 打开烤箱门，将烤盘放入烤箱中层，保持预热时候的温度，烘烤约25分钟。

8 烤好后，将其取出切好摆放在盘中，用草莓装饰即可。

烘焙妙招

在烘焙前先用少许黄油将模具内壁和底部都抹匀。

菠萝芝士蛋糕

烘焙：60分钟　难易度：★☆☆

材料

奶油芝士150克，细砂糖30克，鸡蛋50克，原味酸奶50克，朗姆酒15毫升，杏仁粉30克，玉米淀粉10克，菠萝果肉150克，蓝莓40克，镜面果胶适量

做法

1. 将奶油芝士倒入搅拌盆中，加入细砂糖，搅打至顺滑。
2. 分两次加入鸡蛋，搅拌至完全融合。
3. 倒入原味酸奶，搅拌均匀。
4. 倒入朗姆酒，搅拌均匀。
5. 筛入杏仁粉和玉米淀粉搅拌均匀，制成芝士糊。
6. 均匀倒入陶瓷烤碗中，抹平表面。
7. 将切好的菠萝整齐地摆放在芝士糊表面，再摆上适量蓝莓。
8. 放入预热至170℃的烤箱中，烘烤约60分钟，至表面呈焦色，将烤好的蛋糕取出，在表面刷上镜面果胶即可。

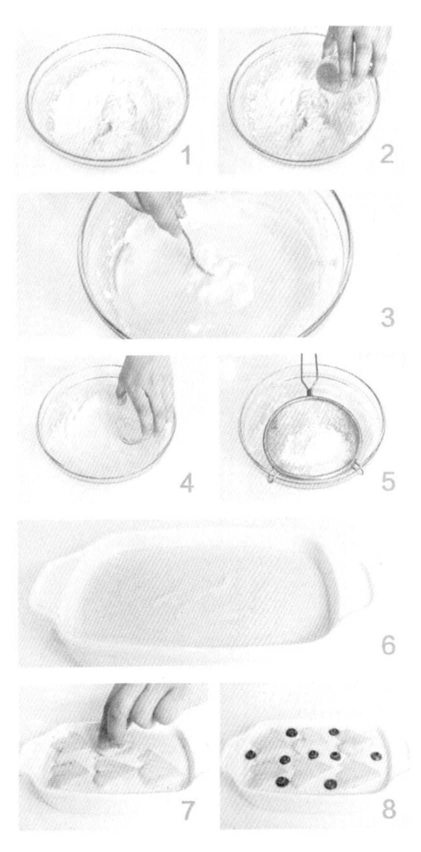

烘焙妙招

奶油芝士使用前需室温软化。

朗姆酒芝士蛋糕

烘焙：25~30分钟　难易度：★★☆

材料

消化饼干80克，无盐黄油25克，奶油芝士300克，淡奶油80克，细砂糖60克，朗姆酒120毫升，鸡蛋70克，浓缩柠檬汁30毫升，低筋面粉25克

做法

1 将消化饼干压碎，加入无盐黄油，搅拌均匀。
2 将慕斯圈的底部包上锡纸，将步骤1中的混合物放入，压紧实，放入冰箱冷藏30分钟。
3 将奶油芝士及细砂糖搅打至顺滑。
4 倒入打散的鸡蛋，搅拌均匀。
5 再依次加入淡奶油、朗姆酒，每放入一种材料都需要搅拌均匀。
6 加入浓缩柠檬汁，搅拌均匀。
7 筛入低筋面粉，搅拌均匀，制成芝士糊。
8 将芝士糊筛入干净的搅拌盆中。
9 取出饼干底，倒入芝士糊，抹平表面。
10 放入预热至170℃的烤箱中，烘烤25~30分钟，放凉，放入冰箱冷藏3小时，取出即可。

烘焙妙招

可根据个人喜好调整朗姆酒的用量。

纽约芝士蛋糕

烘焙：70分钟　难易度：★★☆

材料

饼干底：奥利奥饼干80克，无盐黄油（热融）40克；**蛋糕体**：奶油芝士200克，细砂糖40克，鸡蛋50克，酸奶油100克，柳橙果粒酱15克，牛奶少许，玉米淀粉15克；**装饰**：酸奶油100克，糖粉20克，新鲜蓝莓适量

做法

1 将奥利奥饼干碾碎，加入融化的无盐黄油，拌匀后倒入模具中，压实，放入冰箱冷冻定型。

2 将奶油芝士和细砂糖倒入搅拌盆中打至顺滑。

3 加入牛奶、酸奶油和柳橙果粒酱，搅拌均匀。

4 倒入鸡蛋、玉米淀粉拌匀，制成蛋糕糊。

5 将蛋糕糊倒入装有饼干底的模具中，放入预热至160℃的烤箱中，烘烤约50分钟，再转用180℃烘烤10分钟。

6 将装饰材料的酸奶油和糖粉混合均匀。

7 将烤好的蛋糕取出稍放凉，脱模，放入装饰材料（除蓝莓外），再放入烤箱中，以180℃烘烤约10分钟。

8 烤好的蛋糕在烤箱内放至温热后再取出放凉，最后放上新鲜蓝莓装饰。

烘焙妙招

也可用其他新鲜水果装饰。

什锦果干芝士蛋糕

烘焙：35分钟 难易度：★☆☆

材料

什锦果干70克，核桃仁30克，白兰地80毫升，奶油芝士125克，无盐黄油50克，细砂糖50克，鸡蛋75克，牛奶30毫升，低筋面粉120克，泡打粉2克，盐1克

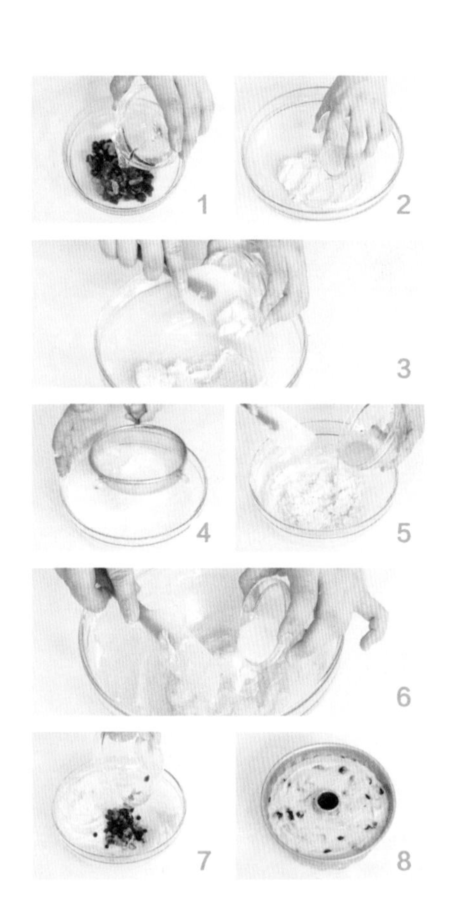

做法

1 将什锦果干洗净，用白兰地浸泡一夜。
2 将室温软化的奶油芝士倒入搅拌盆中，加入细砂糖，搅打均匀。
3 加入室温软化的无盐黄油拌至无颗粒状态。
4 筛入低筋面粉及泡打粉，用橡皮刮刀搅拌均匀。
5 加入盐，搅拌均匀。
6 分两次倒入鸡蛋，搅拌均匀。
7 加入牛奶、浸泡后的什锦果干及核桃仁，搅拌均匀，制成蛋糕糊。
8 在中空咕咕霍夫模具内部涂抹一层无盐黄油，将蛋糕糊倒入其中，放进预热至170℃的烤箱中烘烤约35分钟，待其表面金黄后取出，放凉脱模即可。

烘焙妙招

果干最好用白兰地浸泡一夜再使用，更入味。

芝士夹心小蛋糕

烘焙：15分钟　难易度：★★☆

材料

蛋糕糊：蛋黄50克，细砂糖30克，植物油15克，牛奶15毫升，柠檬汁5毫升，低筋面粉50克，泡打粉2克，蛋白50克；**夹馅**：细砂糖10克，奶油芝士80克，柠檬汁7毫升，柠檬皮碎3克，朗姆酒5毫升

做法

1 将蛋黄、10克细砂糖、植物油、牛奶拌匀。
2 筛入低筋面粉及泡打粉，搅拌均匀。
3 将蛋白及20克细砂糖打发，至可提起鹰嘴状，倒入5毫升柠檬汁，搅拌均匀，制成蛋白霜。
4 将蛋白霜倒入蛋黄面糊中拌匀，制成蛋糕糊，装入裱花袋中。
5 在铺好油纸的烤盘上间隔挤出直径约3厘米的小圆饼，放入预热至175℃的烤箱中，烤约15分钟。
6 将奶油芝士、10克细砂糖搅打至顺滑。
7 倒入柠檬汁7毫升、朗姆酒以及柠檬皮碎，搅拌均匀，制成夹馅，装入裱花袋中。
8 取出烤好的蛋糕，放凉，在其中一个蛋糕平面挤上一层夹馅，再盖上另一个蛋糕。

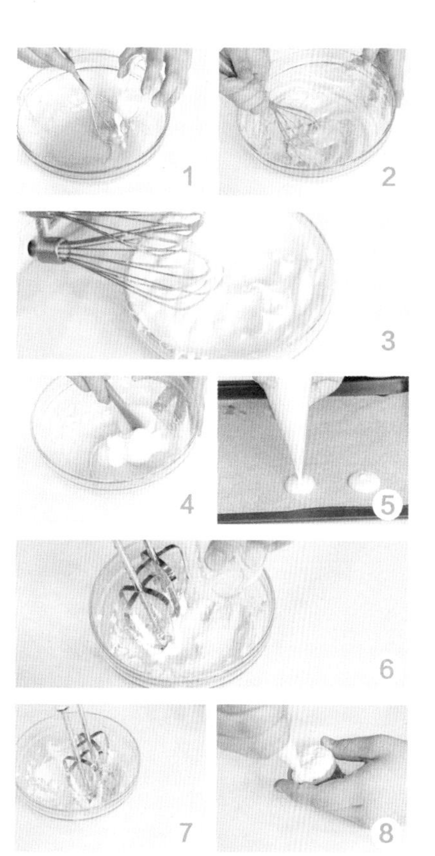

烘焙妙招

奶油芝士需要先室温软化。

树莓芝士蛋糕

烘焙：60分钟　难易度：★★☆

材料

全麦饼干60克，黄油15克，牛奶5毫升，奶油芝士200克，鸡蛋2个，淡奶油140克，酸奶油100克，香草提取物少许，糖55克，树莓酱80克，玉米淀粉2大匙，树莓少许，开心果碎少许，温水适量

做法

1 把饼干放到搅拌机里搅拌均匀后，再把变软的黄油和牛奶放到搅拌机里一起搅拌均匀。

2 用烘焙纸铺好芝士蛋糕模具之后，把搅拌好的饼干一边用饭勺盛进去，一边压紧。

3 把已经变软了的奶油芝士放到玻璃碗里，用搅拌器打散。

4 加入糖，搅拌均匀。

5 加入酸奶油并搅匀。

6 把鸡蛋打散，一边慢慢地倒进去，一边搅拌均匀。

7 把香草提取物和过了筛的玉米淀粉倒进去，搅拌至看不到粉末。

8 把事先放到室温下的淡奶油放进去，所有食材都搅拌均匀后用筛子过筛一次。

9 冷冻树莓酱提前室温融化。

10 把1/2的芝士玉米淀粉糊装到铺了饼干的芝士蛋糕模具里，浇上融化的树莓酱，再把剩下的糊状物装进去。

11 在烤盘里装上温水，把芝士蛋糕模具放上去，放入预热到170℃的烤箱中，烘烤60分钟左右。取出烤好的蛋糕，装饰上树莓和开心果碎即可。

轻软芝士蛋糕

烘焙：30分钟　难易度：★☆☆

材料

芝士糊：奶油芝士125克，牛奶130毫升，蛋黄3个，糖粉40克，低筋面粉15克，玉米淀粉15克；**蛋白霜：**糖粉40克，蛋白3个；**装饰：**镜面果胶适量

做法

1. 将奶油芝士放入搅拌盆中，用软刮刀拌匀。
2. 分次加入牛奶，搅拌均匀。
3. 筛入低筋面粉、玉米淀粉、40克糖粉拌匀。
4. 倒入蛋黄，搅拌均匀，制成芝士糊。
5. 将蛋白及40克糖粉倒入搅拌盆中，用电动搅拌器打发，制成蛋白霜。
6. 将蛋白霜分次倒入步骤4的芝士糊中，搅拌均匀，制成蛋糕糊。
7. 模具内部垫上油纸，将蛋糕糊倒入模具中，在模具底部包好锡纸，放进预热至170℃的烤箱中，在烤盘中加水，烘烤30分钟。
8. 烤好后，取出蛋糕，在蛋糕表面刷上镜面果胶，待凉脱模即可。

烘焙妙招

烤盘中最好加入热水。

奶油芝士球

烘焙：25分钟　难易度：★☆☆

材料

奶油芝士360克，糖粉90克，黄油45克，淡奶油18克，柠檬汁1毫升，蛋黄90克

做法

1. 烤箱通电，以上火180℃、下火110℃进行预热。
2. 把奶油芝士和黄油倒入玻璃碗中拌匀，加入糖粉，再用电动搅拌器搅拌。
3. 分多次加入蛋黄，每加一次搅拌均匀，接着加入淡奶油、柠檬汁继续搅拌均匀，装入裱花袋，把面糊挤入模具中。
4. 把模具放入烤盘中，一起放进预热好的烤箱中，烤制25分钟左右，烤好后取出奶油芝士球，摆放在盘中即可。

蓝莓芝士

烘焙：50分钟　难易度：★☆☆

材料

奶油芝士200克，淡奶油100克，牛奶100毫升，鸡蛋2个，细砂糖75克，蓝莓酱60克

做法

1. 奶油芝士打散，加入鸡蛋、细砂糖，一边搅拌一边倒入淡奶油、牛奶，搅拌均匀，倒入垫有烘焙纸的蛋糕模具中。
2. 将模具放入加水的烤盘中，移入以上火160℃、下火130℃预热好的烤箱，烘烤约30分钟，取出。
3. 把蓝莓酱装入裱花袋，用剪刀剪出一个小孔，挤到烤好的蛋糕上进行装饰，再次把蛋糕放入烤箱中，隔水烘烤20分钟即可。

经典轻芝士蛋糕

烘焙：30～45分钟　难易度：★☆☆

材料

奶油芝士125克，蛋黄30克，蛋白70克，动物性淡奶油50克，牛奶75毫升，低筋面粉30克，细砂糖50克

做法

1 烤箱通电，以上火150℃、下火120℃进行预热。
2 把奶油芝士稍微打散，多次加入牛奶并搅拌均匀。
3 加入动物性淡奶油继续搅拌，然后加入蛋黄搅拌，再加低筋面粉，用搅拌器搅拌成膏状。
4 另置一碗，将蛋白和细砂糖打发。
5 将蛋白加入到芝士糊里。
6 把拌好的蛋糕糊倒入底部用烘焙纸包起来的蛋糕模具里，在桌面轻敲蛋糕模，使蛋糕糊表面平整。
7 把蛋糕模具放入注有高约3厘米水的烤盘里，把烤盘放进预热好的烤箱里烤30～45分钟。
8 蛋糕烤好后取出，放入冰箱冷藏1小时以上再切块食用即可。

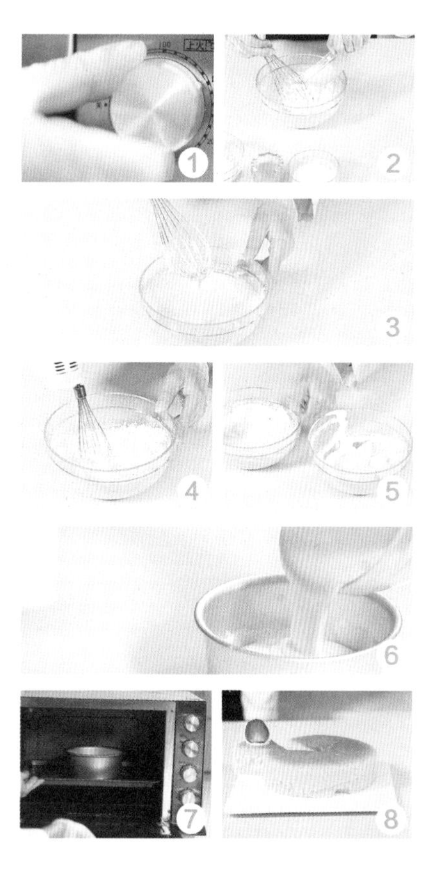

烘焙妙招

轻芝士蛋糕需要用水浴法来烤，否则容易干硬开裂。

焦糖芝士蛋糕

扫一扫学烘焙

烘焙：30分钟　难易度：★★☆

材料

饼干底：消化饼干80克，有盐黄油30克；**焦糖酱：**细砂糖40克，水10毫升，淡奶油50克；**芝士糊：**奶油芝士180克，细砂糖30克，蛋黄30克，鸡蛋1个，淡奶油50克，粟粉30克，朗姆酒5毫升

做法

1. 将消化饼干敲碎，倒入有盐黄油拌成饼干底，倒入蛋糕模中压平，放入冰箱冷冻30分钟。
2. 将水和40克细砂糖倒入锅中，煮至黏稠状，倒入淡奶油50克，搅拌均匀，制成焦糖酱。
3. 将奶油芝士及30克细砂糖搅拌均匀。
4. 倒入蛋黄，搅拌均匀。
5. 倒入鸡蛋，搅拌均匀。
6. 将焦糖酱倒入碗中，边倒入边搅拌。
7. 倒入朗姆酒及50克淡奶油，搅拌均匀，再筛入粟粉搅拌均匀，制成芝士糊。
8. 将芝士糊倒入装有饼干底的模具中，抹平表面，放进预热至180℃烤箱中烘烤30分钟，取出后在桌面震动几下，脱模即可。

烘焙妙招

每次倒入一种材料就搅拌均匀，可使蛋糕糊更细腻。

CAUTION
Wild Animals

动物园鲜果蛋糕

烘焙：25分钟　难易度：★★☆

材料

蛋糕体：蛋白2个，塔塔粉1克，盐1克，砂糖50克，蛋黄2个，色拉油30毫升，水35毫升，粟粉7克，低筋面粉36克，泡打粉2克，香草精适量；**装饰**：淡奶油200克，糖粉10克，水果适量

做法

1 将水和色拉油搅拌均匀。

2 筛入粟粉、低筋面粉、泡打粉，搅拌均匀。

3 倒入蛋黄，搅拌均匀。

4 倒入香草精，拌匀。

5 取一新盆，倒入蛋白、塔塔粉及盐，搅拌均匀。

6 加入砂糖，搅拌至可提起鹰钩状，制成蛋白霜。

7 搅拌均匀后，取三分之一蛋白霜加入到淡黄色面糊中，搅拌均匀。

8 拌好后，再倒入到剩余的蛋白霜中，搅拌均匀。

9 将面糊倒入蛋糕模中。

10 烤箱以上火170℃、下火150℃预热，蛋糕放入烤箱，烤约25分钟。

11 淡奶油加糖粉打发。

12 将奶油抹匀在蛋糕体表面，取少量奶油装入裱花袋，在蛋糕上表面挤出一个圆圈。

13 最后装点上新鲜水果，插上动物小旗即可。

烘焙妙招

将蛋糕糊倒入模具时，盆需距离模具30厘米左右。

大豆黑巧克力蛋糕

烘焙：45分钟　难易度：★☆☆

材料

蛋糕糊：水发黄豆150克，清水20毫升，枫糖浆70克，黑巧克力100克，可可粉15克，柠檬汁15毫升，泡打粉2克，苏打粉1克；**装饰**：薄荷叶少许，红枣（对半切开）适量

做法

1 将水发黄豆倒入搅拌机中，用搅拌机搅打成泥。
2 倒入清水、枫糖浆，再次用搅拌机搅打均匀，倒入搅拌盆中。
3 将黑巧克力切成小块后装入碗中，再隔水融化，制成巧克力液。
4 将巧克力液倒入步骤2中的搅拌盆里。
5 倒入可可粉，翻拌至无干粉的状态。
6 倒入柠檬汁、泡打粉、苏打粉，搅拌均匀，即成蛋糕糊。
7 将蛋糕糊倒入铺有油纸的蛋糕模中至七分满。
8 将蛋糕模放入已预热至180℃的烤箱中层，烘烤约45分钟，取出放凉脱模，装饰上薄荷叶和红枣即可。

烘焙妙招

融化黑巧克力的水温最好在55℃左右。

南瓜巧克力蛋糕

烘焙：20分钟　难易度：★☆☆

材料

熟南瓜350克，低筋面粉45克，巧克力豆120克，蜂蜜60克，可可粉15克，泡打粉1克

做法

1 将熟南瓜倒入搅拌盆，用电动搅拌器搅打成泥，倒入巧克力豆，继续搅打均匀，倒入蜂蜜，用手动搅拌器搅拌均匀。

2 将低筋面粉、可可粉、泡打粉过筛至搅拌盆中，用手动搅拌器搅拌均匀，制成蛋糕糊，倒入铺有油纸的蛋糕模具内。

3 将蛋糕模放入已预热180℃的烤箱中层，烤约20分钟，取出，脱模即可。

栗子鲜奶蛋糕

烘焙：30分钟　难易度：★★☆

材料

蛋白200克，细砂糖100克，低筋面粉80克，色拉油70毫升，塔塔粉2克，盐1克，蛋黄100克，牛奶53毫升，栗子馅250克，打发的奶油适量

做法

1 将色拉油、牛奶、低筋面粉、盐、蛋黄，搅拌呈丝带状；另取一碗，倒入蛋白，加入细砂糖、塔塔粉，打发至鸡尾状。

2 将蛋白倒入蛋黄内拌匀，制成蛋糕液。

3 烤盘内垫上烘焙纸，倒入蛋糕液，放入以上火155℃、下火130℃预热的烤箱里，烤30分钟，取出，切块，挤上打发的奶油与栗子馅，重复三次即可。

无糖椰枣蛋糕

烘焙：35分钟　难易度：★☆☆

材料

芥花籽油30毫升，椰浆30毫升，南瓜汁200毫升，盐0.5克，低筋面粉160克，泡打粉2克，苏打粉2克，干红枣（去核）10克，碧根果仁15克

做法

1 将芥花籽油、椰浆倒入搅拌盆中，用手动搅拌器搅拌均匀。
2 倒入南瓜汁、盐，搅拌均匀。
3 将低筋面粉、泡打粉、苏打粉过筛至搅拌盆中。
4 搅拌至无干粉的状态，制成蛋糕糊。
5 将蛋糕糊倒入铺有油纸的蛋糕模中。
6 铺上干红枣，撒上捏碎的碧根果仁。
7 将蛋糕模放在烤盘上，再移入已预热至180℃的烤箱中层，烤约35分钟。
8 取出烤好的无糖椰枣蛋糕，脱模后装盘即可。

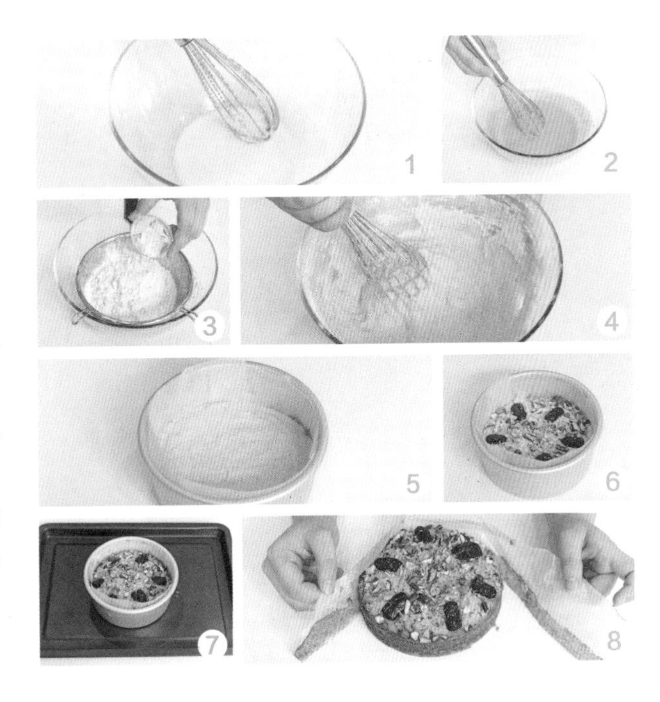

烘焙妙招

碧根果仁不捏碎，直接加入也别有风味。

樱桃燕麦蛋糕

烘焙：35分钟　难易度：★☆☆

材料

蛋糕糊：蜂蜜30克，芥花籽油15毫升，柠檬汁3毫升，樱桃汁140毫升，全麦粉100克，低筋面粉50克，泡打粉3克，苏打粉2克，樱桃（去核切半）15克；**燕麦面碎：**蜂蜜10克，芥花籽油15毫升，低筋面粉40克，燕麦片5克

做法

1 将10克蜂蜜、15毫升芥花籽油倒入搅拌盆中，用叉子搅拌均匀。

2 倒入40克低筋面粉，搅拌至无干粉的状态。

3 倒入燕麦片，搅拌均匀，制成燕麦面碎。

4 另取一个搅拌盆，倒入30克蜂蜜、15毫升芥花籽油、柠檬汁，搅拌均匀。

5 搅拌盆中再倒入樱桃汁，搅拌均匀。

6 筛入全麦粉、50克低筋面粉、泡打粉、苏打粉，搅拌成无干粉的面糊，即成蛋糕糊。

7 将蛋糕糊倒入铺有油纸的蛋糕模中，蛋糕糊上铺上一层燕麦面碎，再放上樱桃。

8 将蛋糕模放在烤盘上，再移入已预热至180℃的烤箱中，烤约35分钟即可。

烘焙妙招

烤盘放在烤箱中层为佳。

玉米蛋糕

烘焙：40分钟　难易度：★★☆

材料

蛋糕糊：低筋面粉120克，玉米汁140毫升，蜂蜜20克，玉米粉15克，芥花籽油25毫升，泡打粉1克，苏打粉1克，盐1克；**玉米面碎**：芥花籽油10毫升，藻糖1克，玉米粉10克，低筋面粉25克

做法

1. 将玉米面碎材料拌匀，搅拌至无干粉的状态，用叉子分散，制成玉米面碎。
2. 将蛋糕糊材料搅拌至无干粉的状态，制成蛋糕糊，倒入模具中，铺上玉米面碎。
3. 将模具放在烤盘上，再移入已预热至180℃的烤箱中层，烤约40分钟，取出，放凉，脱模，装盘即可。

胡萝卜豆腐蛋糕

烘焙：35分钟　难易度：★★☆

材料

蛋糕糊：芥花籽油40毫升，枫糖浆40克，豆浆75毫升，盐1克，胡萝卜丝90克，全麦面粉70克，泡打粉1克，苏打粉0.5克；**内馅**：豆腐300克，枫糖浆30克，柠檬汁10毫升，柠檬皮碎5克

做法

1. 将蛋糕糊材料翻拌至无干粉的状态，制成蛋糕糊，倒入模具中，放入已预热至180℃的烤箱中层，烤约35分钟，取出，脱模，切成厚薄一致的两片蛋糕。
2. 豆腐用电动搅拌器搅打成泥，倒入其他内馅材料搅拌均匀，抹在一片蛋糕上，盖上另一片蛋糕，剩余涂抹在蛋糕表面即可。

红枣蛋糕

烘焙：30分钟　难易度：★☆☆

材料

蜂蜜60克，芥花籽油40毫升，红枣汁140毫升，盐1克，低筋面粉87克，全麦粉50克，泡打粉1克，苏打粉1克，无花果块25克

做法

1 将蜂蜜、芥花籽油倒入搅拌盆中，用手动搅拌器搅拌均匀。
2 倒入红枣汁，搅拌均匀。
3 倒入盐，搅拌均匀。
4 将备好的低筋面粉、全麦粉、泡打粉、苏打粉一同过筛至搅拌盆中。
5 用手动搅拌器将盆中材料充分搅拌至无干粉的状态，制成面糊。
6 倒入无花果块，拌匀，制成蛋糕糊。
7 将蛋糕糊倒入铺有油纸的磅蛋糕模具中。
8 磅蛋糕模具放在烤盘上，移入已预热至180℃的烤箱中层，烘烤约30分钟即可。

烘焙妙招

脱模前用抹刀在模具周围划一圈，更易保持蛋糕完整。

柠檬蓝莓蛋糕

烘焙：25分钟　难易度：★★☆

材料

蛋糕糊：植物油50毫升，蜂蜜60克，浓缩柠檬汁10毫升，柠檬皮屑15克，鸡蛋110克，细砂糖30克，杏仁粉160克，低筋面粉80克，盐1克，泡打粉2克，蓝莓200克；**装饰**：奶油芝士、蓝莓各100克，橙酒10毫升，糖粉15克，浓缩柠檬汁10毫升，薄荷叶少许

做法

1 在平底锅中倒入植物油、蜂蜜、10毫升浓缩柠檬汁和柠檬皮屑，煮沸。

2 在搅拌盆中倒入鸡蛋及细砂糖，搅打至发白状态，此过程需隔水加热。

3 再筛入杏仁粉、低筋面粉、盐及泡打粉，搅拌均匀。

4 加入步骤1制成的混合物及200克蓝莓，搅拌均匀，制成蛋糕糊。

5 将蛋糕糊倒入铺有油纸的蛋糕模具中，放入预热至170℃的烤箱，烘烤约25分钟，烤好后取出，放凉。

6 将室温软化的奶油芝士及糖粉倒入搅拌盆，搅打至顺滑状态。

7 加入橙酒及10毫升浓缩柠檬汁，搅拌均匀。

8 将步骤7的混合物涂抹在放凉的蛋糕表面，放上蓝莓和薄荷叶装饰即可。

焗蓝莓蛋糕

烘焙：15分钟　难易度：★☆☆

材料

蛋糕糊：奶油芝士280克，橄榄油15毫升，细砂糖40克，鸡蛋1个，蓝莓果酱25克；**装饰**：蓝莓果酱适量

做法

1 将奶油芝士放入搅拌盆中，搅打至顺滑，倒入细砂糖、鸡蛋，搅拌至完全融合，倒入25克蓝莓果酱及橄榄油，拌成蛋糕糊。
2 将拌好的蛋糕糊倒入已包好油纸的慕斯圈中，移入烤盘中。
3 放入预热至150℃的烤箱中烘烤约15分钟，取出放凉，用抹刀分离模具及蛋糕边缘，脱模，放上蓝莓果酱装饰即可。

玉米培根蛋糕

烘焙：20分钟　难易度：★☆☆

材料

中筋面粉70克，玉米粉70克，泡打粉、盐各2克，细砂糖、玉米粒各20克，淡奶油125克，蜂蜜25克，鸡蛋、培根各50克，植物油25毫升

做法

1 将鸡蛋打散，倒入蜂蜜、植物油和淡奶油，搅拌均匀，筛入中筋面粉、泡打粉及玉米粉，用橡皮刮刀搅拌均匀，倒入盐及细砂糖，继续搅拌均匀。
2 培根切成碎末，与玉米粒一起倒入混合物中，搅拌均匀，制成蛋糕糊。
3 将蛋糕糊倒入模具中，抹平，放进预热至180℃的烤箱中，烘烤约20分钟即可。

胡萝卜蛋糕

扫一扫学烘焙

烘焙：45分钟　难易度：★★☆

材料

蛋糕糊：胡萝卜碎75克，苹果碎75克，鸡蛋3个，细砂糖150克，盐2克，色拉油135毫升，高筋面粉135克，泡打粉2克，肉桂粉5克，核桃碎30克，蔓越莓干30克；**夹馅：**奶油芝士200克，细砂糖50克，淡奶油15克

做法

1 将鸡蛋倒入搅拌盆中，打散。

2 倒入盐及150克细砂糖，快速打发。

3 倒入色拉油，搅拌均匀。

4 筛入高筋面粉、泡打粉及肉桂粉，搅拌均匀。

5 倒入胡萝卜碎、苹果碎、核桃碎及蔓越莓干，搅拌均匀，制成蛋糕糊，倒入模具中，放入预热至180℃的烤箱中烘烤约45分钟，烤好后放凉。

6 将奶油芝士用电动搅拌器搅打至顺滑。

7 倒入淡奶油及50克细砂糖，搅拌均匀，装入裱花袋中。

8 将烤好的蛋糕脱模，切成3层，在每两层之间挤上步骤7中的混合物，作为夹馅，抹平，剩余的抹在蛋糕表面呈波浪状即可。

烘焙妙招

表面抹上奶油后，可用抹刀头部按压、挑起。

水晶蛋糕

烘焙：30分钟　难易度：★☆☆

材料

戚风蛋糕体1个，打发的植物鲜奶油适量，菠萝果肉50克，黄桃果肉50克，巧克力片40克，香橙果膏50克，猕猴桃1个，提子少许

做法

1 将洗净的猕猴桃去皮，用小刀在猕猴桃上切一圈齿轮花刀，再掰开成两半。
2 依此方法将提子切成两瓣。
3 把蛋糕体放在转盘上，用蛋糕刀在其2/3处平切成两块，取下切下来的蛋糕，待用。
4 在切口上抹一层植物鲜奶油。
5 盖上另一块蛋糕。
6 转动转盘，同时在蛋糕上涂抹植物鲜奶油，至包裹住整个蛋糕。
7 再用抹刀将蛋糕上的奶油涂抹均匀。
8 倒上香橙果膏，用抹刀将其裹满整个蛋糕。
9 把蛋糕装入备好的平底盘中，再置于转盘上，在蛋糕底侧粘上巧克力片。
10 放上备好的水果装饰即可。

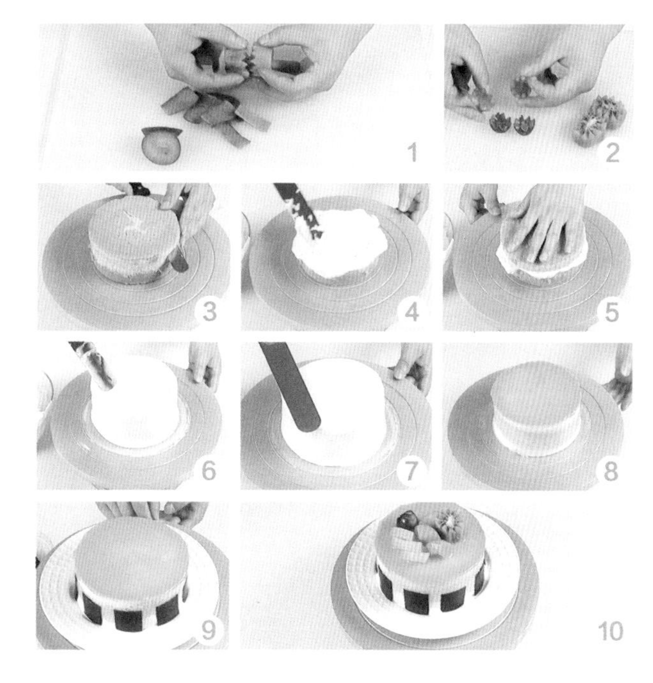

烘焙妙招

抹奶油时转盘旋转的速度不能过快，以免涂抹不均匀。

水果蛋糕

烘焙：30分钟 难易度：★★☆

材料

戚风蛋糕体1个，香橙果酱、提子、猕猴桃、蓝莓、打发好的植物奶油、巧克力片各适量

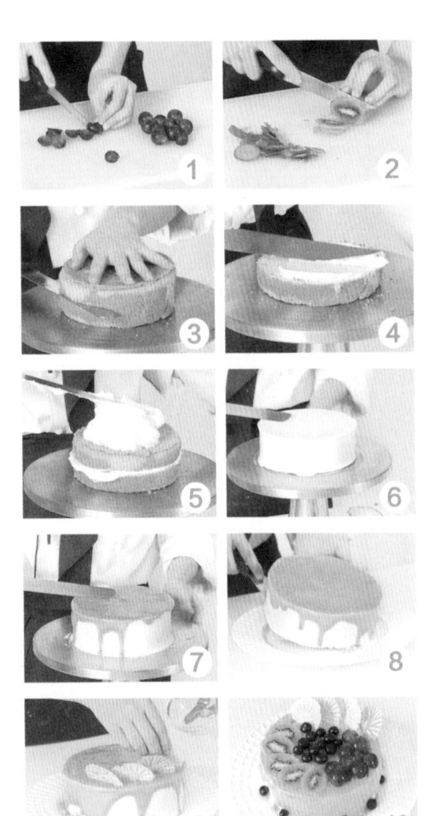

做法

1 洗净的提子对半切开，剔籽。
2 洗净的猕猴桃去皮，切成片状待用。
3 将备好的戚风蛋糕放在干净的转盘上，用蛋糕刀横着对半切开。
4 将上面一部分蛋糕拿下来，用抹刀均匀地在底部蛋糕切面上抹上一层奶油。
5 把另一部分盖上，倒入剩下的奶油。
6 用奶油均匀地涂抹到蛋糕上，四面抹至平滑。
7 倒入果酱，抹匀，使果酱自然流下。
8 用抹刀切进蛋糕的底部，撬起蛋糕装入盘中。
9 将巧克力片插在蛋糕上，做好造型。
10 将备好的水果摆在蛋糕上装饰即可。

烘焙妙招

抹奶油的时候力道要均匀，以免奶油薄厚不匀。

速成海绵蛋糕

烘焙：30分钟　难易度：★☆☆

材料

海绵蛋糕预拌粉250克，鸡蛋5个，水65毫升，植物油60毫升，淡奶油100克，砂糖30克，草莓适量

做法

1. 海绵蛋糕预拌粉加鸡蛋、水，打发至画“8”字不消，倒入植物油拌匀，放入带有油纸的烤盘中。
2. 将烤箱预热5分钟，温度为160℃，然后放入烤盘烤制30分钟。
3. 在空盆中倒入淡奶油，加入砂糖，打发。
4. 把烤好的蛋糕从烤盘中取出，放在油纸上，抹一层奶油，将蛋糕切好，摆上草莓即可食用。

草莓裸蛋糕

烘焙：30分钟　难易度：★★☆

材料

低筋面粉60克，全蛋108克，细砂糖60克，无盐黄油40克，淡奶油100克，糖粉20克，草莓酱适量50克，草莓块、蓝莓、薄荷叶各少许

做法

1. 将全蛋、细砂糖隔热水打发，筛入低筋面粉拌匀，加入融化的无盐黄油搅拌均匀，即成蛋糕糊，倒入蛋糕模具中，放入已预热至170℃的烤盘中，烤约20分钟，调至160℃，再烘烤约10分钟，取出。
2. 淡奶油倒入糖粉，搅打至七分发。
3. 将蛋糕切成两片，取一片抹上奶油霜、草莓酱，盖上一片蛋糕，抹上剩余奶油霜，放上草莓、蓝莓、薄荷叶作装饰即可。

土豆球蛋糕

烘焙：35分钟 难易度：★★☆

材料

低筋面粉150克，黄油80克，细砂糖60克，鸡蛋1个，泡打粉3克，盐少许，牛奶15毫升，土豆泥80克，小土豆7个

做法

1 小土豆煮熟后去皮。
2 土豆泥加牛奶拌匀，加入黄油、细砂糖，搅拌至颜色变灰，倒入鸡蛋，慢慢拌匀。
3 筛入低筋面粉、泡打粉和盐，拌匀。
4 在烤模中装一半量的土豆面团，放上土豆球，排成一列，把剩下的面团盖上去稍加整理，放进预热到180℃的烤箱里，烤35分钟至熟，取出，脱模即可。

蛋白奶油酥

烘焙：45分钟 难易度：★★☆

材料

鸡蛋6个，巧克力蛋糕坯1个，细砂糖180克，巧克力酱、巧克力碎、巧克力豆、盐、柠檬汁各少许

做法

1 将蛋白与蛋黄分开；蛋白中加盐、柠檬汁、细砂糖搅匀，打至干性发泡，取部分装入裱花袋中。
2 在烤盘上垫上烘焙纸，放上巧克力蛋糕坯，抹上余下的蛋白，周围撒巧克力碎。
3 用装蛋白的裱花袋在蛋糕表面挤出花纹。
4 将生坯放入烤箱中，以120℃低温烘烤45分钟成蛋白奶油酥，取出，挤上巧克力酱，并用巧克力豆装饰即可。

蜂蜜抹茶蛋糕

烘焙：25分钟 难易度：★☆☆

材料

蛋黄糊：蛋黄2个，细砂糖30克，色拉油10克，抹茶粉10克，水60克，蜂蜜10克，低筋面粉40克，泡打粉1克；**蛋白霜**：蛋清2个，细砂糖20克

扫一扫学烘焙

做法

1 将蛋黄及30克细砂糖倒入搅拌盆中，搅拌均匀。
2 将抹茶粉倒入水中，搅拌至充分溶解。
3 将步骤2的混合物倒入步骤1中，搅拌均匀。
4 倒入色拉油及蜂蜜，搅拌均匀。
5 筛入低筋面粉及泡打粉，搅拌均匀，制成蛋黄糊。
6 取一新的搅拌盆，倒入蛋清及20克细砂糖快速打发，制成蛋白霜。
7 将1/3蛋白霜倒入蛋黄糊中，搅拌均匀，再倒回至剩余的蛋白霜中，搅拌均匀，制成蛋糕糊。
8 将蛋糕糊倒入模具中，放入预热至170℃的烤箱中烘烤约25分钟即可。

烘焙妙招

蛋白霜倒入蛋黄糊中用刮板上下翻拌，以免消泡。

香醇巧克力蛋糕

烘焙：25分钟　难易度：★☆☆

材料

低筋面粉85克，可可粉20克，黄油90克，细砂糖70克，鸡蛋80克，泡打粉25克，巧克力豆50克，牛奶80毫升，糖粉少许

做法

1 烤箱通电，以上火175℃、下火175℃进行预热。
2 黄油放中加入细砂糖。
3 用电动搅拌器打发至质地蓬松。
4 加入鸡蛋后继续打发至体积明显变大、颜色变浅，鸡蛋和黄油完全融合，呈现蓬松细滑的状态为止。
5 加入牛奶，牛奶只需要倒入碗里即可，不要搅拌。
6 依次加入低筋面粉、可可粉、泡打粉，用电动搅拌器搅拌均匀。
7 将拌匀后的材料倒入蛋糕模具内，用长柄刮刀使粉类、牛奶和黄油完全混合均匀，成为湿润的面糊。
8 将备好的巧克力豆倒入面糊中，再次搅拌均匀，由此制成蛋糕面糊。
9 将模具放在烤盘上，移入预热好的烤箱烘烤25分钟。
10 取出烤好的蛋糕，在其表面撒上糖粉即可。

烘焙妙招

如果是使用独立纸杯烘烤，纸杯的支撑力不够，面糊就不能够挤得太满，六七分满即可。

巧克力水果蛋糕

烘焙：30分钟　难易度：★☆☆

材料

戚风蛋糕体1个，提子50克，打发的植物鲜奶油适量，巧克力果膏80克，黑巧克力片40克，猕猴桃1个，白巧克力片少许

做法

1 将洗净的猕猴桃去皮，用小刀在猕猴桃上切一圈齿轮花刀，再掰开成两半。
2 依此将提子切成两瓣。
3 把备好的戚风蛋糕体放在转盘上，用蛋糕刀在其2/3处平切成两块。
4 在切口上抹一层植物鲜奶油，盖上另一块蛋糕。
5 转动转盘，同时在蛋糕上涂抹植物鲜奶油，至包裹住整个蛋糕。
6 用抹刀将奶油抹匀。
7 倒上巧克力果膏，用抹刀将其裹满整个蛋糕。
8 将蛋糕装入盘中，再置于转盘上，在蛋糕底侧粘上黑巧克力片。
9 在顶部放上切好的猕猴桃、提子。
10 最后再插上白巧克力片即可。

烘焙妙招

摆放水果时要轻轻放下，以免破坏奶油表面的平整。

巧克力法式馅饼

烘焙：20～25分钟 难易度：★★☆

材料

黄油70克，低筋面粉140克，糖粉70克，鸡蛋30克，盐1克，腰果50克，黑巧克力酱80克，全蛋液适量

做法

1. 将糖粉和黄油（留少许）倒入碗中搅拌均匀，加入鸡蛋、盐、低筋面粉继续搅拌。
2. 把腰果倒入黑巧克力酱中用勺子拌匀。取一小块面糊拍成圆形，加入巧克力馅包好，再将其压入刷了黄油的模具中。
3. 做好所有的馅饼后，在表面刷上一层全蛋液，并将模具放在烤盘上。
4. 将烤盘放入以上火180℃、下火160℃预热好的烤箱中，烘烤20～25分钟后取出即可。

方块巧克力糕

烘焙：45～50分钟 难易度：★☆☆

材料

戚风蛋糕预拌粉250克，鸡蛋5个，水50毫升，植物油50毫升，白巧克力100克，椰蓉100克

做法

1. 戚风蛋糕预拌粉、水、鸡蛋，打发至黏稠均匀状，倒入植物油拌匀，倒入模具里。
2. 以上火160℃、下火130℃预热烤箱，将蛋糕模具放入烤箱中，烤制45～50分钟。
3. 取出蛋糕，去掉模具，将蛋糕切成方块。
4. 白巧克力隔水融化。
5. 桌子上铺油纸，放一个烤架，把蛋糕摆放在烤架上，将白巧克力倒入裱花袋中，挤在蛋糕上，再撒少许椰蓉，冷却即可。

法式传统巧克力蛋糕

烘焙：40分钟　难易度：★☆☆

材料

蛋黄糊：烘焙巧克力60克，纽扣巧克力20克，无盐黄油50克，蛋黄3个，细砂糖40克，淡奶油35克，低筋面粉20克，可可粉35克；**蛋白霜**：蛋清3个，细砂糖50克，香橙干邑甜酒5毫升；**装饰**：糖粉适量

扫一扫学烘焙

做法

1 将准备的2种巧克力及无盐黄油倒入搅拌盆中。
2 隔水加热至融化状态，搅拌均匀。
3 倒入蛋黄及40克细砂糖，搅拌均匀。
4 倒入淡奶油，搅拌均匀。
5 筛入低筋面粉及可可粉，搅拌均匀，制成蛋黄糊。
6 将蛋清、50克细砂糖及香橙干邑甜酒倒入新的搅拌盆中，用电动搅拌器打发，制成蛋白霜。
7 将1/3蛋白霜加入蛋黄糊中，搅拌均匀，再倒回至剩余蛋白霜中，搅拌均匀，制成蛋糕糊。
8 将蛋糕糊倒入圆形活底蛋糕模中，震动几下，放进预热至180℃的烤箱中烘烤约10分钟，再以160℃烘烤约30分钟，烤好后取出，震动几下，撒上糖粉即可。

烘焙妙招

烤好后震动几下可方便蛋糕脱模。

无粉巧克力蛋糕

烘焙：45分钟　难易度：★☆☆

材料

巧克力糊：黑巧克力150克，无盐黄油70克，蛋黄4个，细砂糖30克，盐1克；**蛋白霜**：蛋清100克，细砂糖65克

扫一扫学烘焙

做法

1 将黑巧克力和无盐黄油加热融化，搅拌均匀。
2 倒入蛋黄，搅拌均匀。
3 倒入30克细砂糖及盐，继续搅拌，制成巧克力糊。
4 取一新的搅拌盆，倒入蛋清及65克细砂糖，快速打发，制成蛋白霜。
5 将1/3蛋白霜加入巧克力糊中，搅拌均匀。
6 再倒回至剩余的蛋白霜中，搅拌均匀，制成蛋糕糊。
7 将蛋糕糊倒入模具中，放入预热至180℃的烤箱中，烘烤约45分钟。
8 烤好后，取出放凉，用抹刀分离蛋糕及模具边缘，脱模即可。

烘焙妙招

鸡蛋液的搅打容器要无水、无油。

古典巧克力蛋糕

烘焙：20分钟　难易度：★☆☆

材料

巧克力糊：蛋黄2个，糖粉30克，黑巧克力80克，无盐黄油70克，可可粉20克，牛奶5毫升，低筋面粉40克，小苏打2克；**蛋白霜：**蛋清3个，糖粉60克；**装饰：**防潮糖粉适量

扫一扫学烘焙

做法

1. 将无盐黄油及黑巧克力倒入搅拌盆中，加热融化，搅拌均匀。
2. 加入蛋黄，搅拌均匀。
3. 倒入30克糖粉，搅拌均匀。
4. 边搅拌边倒入牛奶，搅拌均匀。
5. 将蛋清和60克糖粉倒入另一个搅拌盆中，快速打发，制成蛋白霜。
6. 将1/3蛋白霜倒入步骤4的混合物中，搅拌均匀。
7. 在剩余蛋白霜中筛入可可粉、小苏打及低筋面粉，搅拌均匀，最后将两个盆中的混合物搅拌均匀，制成蛋糕糊，倒入模具中，放进预热至170℃的烤箱中，烘烤约20分钟。
8. 取出放凉，脱模，撒上防潮糖粉装饰即可。

烘焙妙招

面包糊倒入模具中后，可轻震几下，减少气泡。

栗子巧克力蛋糕

烘焙：45分钟　难易度：★★☆

材料

蛋黄糊：无盐黄油50克，苦甜巧克力60克，淡奶油30克，蛋黄3个，低筋面粉20克，可可粉30克；**蛋白霜**：细砂糖50克，蛋清100克；**装饰**：淡奶油50克，细砂糖5克，栗子泥适量，防潮可可粉适量，肉桂粉适量

扫一扫学烘焙

做法

1 将苦甜巧克力、无盐黄油及30克淡奶油加热融化，搅拌均匀。

2 倒入可可粉，搅拌均匀。

3 分次倒入蛋黄，搅拌均匀。

4 筛入低筋面粉，搅拌均匀，制成蛋黄糊。

5 将蛋清及50克细砂糖倒入另一个搅拌盆中，快速打发，制成蛋白霜。将1/3蛋白霜倒入蛋黄糊中，搅拌均匀，再倒回剩余的蛋白霜中制成蛋糕糊。

6 将蛋糕糊倒入模具中，放进预热至170℃的烤箱中烘烤约45分钟。

7 将栗子泥倒入新的搅拌盆中，用电动搅拌器打散，倒入50克淡奶油及5克细砂糖，搅拌均匀，装入裱花袋。

8 挤在蛋糕表面上，撒上防潮可可粉及肉桂粉即可。

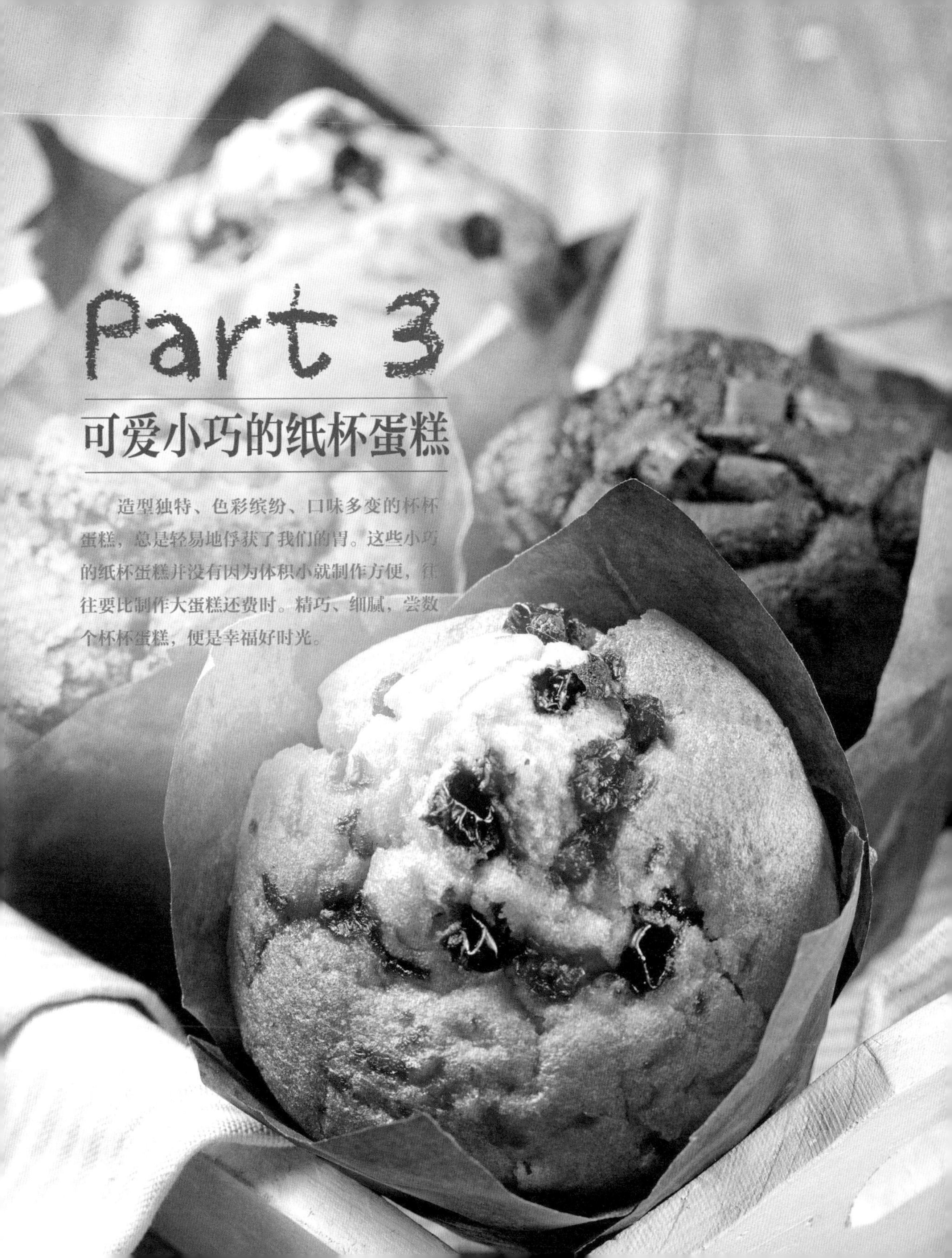

Part 3

可爱小巧的纸杯蛋糕

造型独特、色彩缤纷、口味多变的杯杯蛋糕，总是轻易地俘获了我们的胃。这些小巧的纸杯蛋糕并没有因为体积小就制作方便，往往要比制作大蛋糕还费时。精巧、细腻，尝数个杯杯蛋糕，便是幸福好时光。

雪花杯子蛋糕

烘焙：25分钟　难易度：★☆☆

扫一扫学烘焙

材料

蛋糕糊：鸡蛋2个，糖粉50克，蜂蜜20克，无盐黄油40克，低筋面粉100克，可可粉20克，泡打粉1克，香草精适量；**装饰**：淡奶油150克，糖粉25克，彩色糖珠适量，雪花小旗适量

做法

1. 在搅拌盆中倒入鸡蛋及糖粉，搅拌均匀。
2. 取一较大的盆，装入热水，将步骤1的搅拌盆放入其中，隔水加热，继续搅拌至材料发白。
3. 将无盐黄油加热融化，倒入步骤2的混合物中，搅拌均匀。
4. 加入蜂蜜，搅拌均匀。
5. 将搅拌盆从热水中取出，筛入低筋面粉、可可粉及泡打粉，搅拌均匀。
6. 加入香草精，搅拌均匀，制成蛋糕糊，装入裱花袋中。
7. 将蛋糕糊垂直地挤入蛋糕纸杯中，放进预热至180℃的烤箱中烘烤约25分钟，烤好后，取出，放凉。
8. 取一新的搅拌盆，放入淡奶油及糖粉20克，快速打发，装入裱花袋中，挤在已放凉的蛋糕上，撒上彩色糖珠及剩余糖粉，插上小旗作装饰。

烘焙妙招

搅打奶油时搅拌盆必须无水、无油。

蓝莓玛芬

烘焙：25分钟　难易度：★☆☆

材料

无盐黄油50克，细砂糖80克，鸡蛋1个，低筋面粉120克，泡打粉2克，牛奶50毫升，新鲜蓝莓50克

扫一扫学烘焙

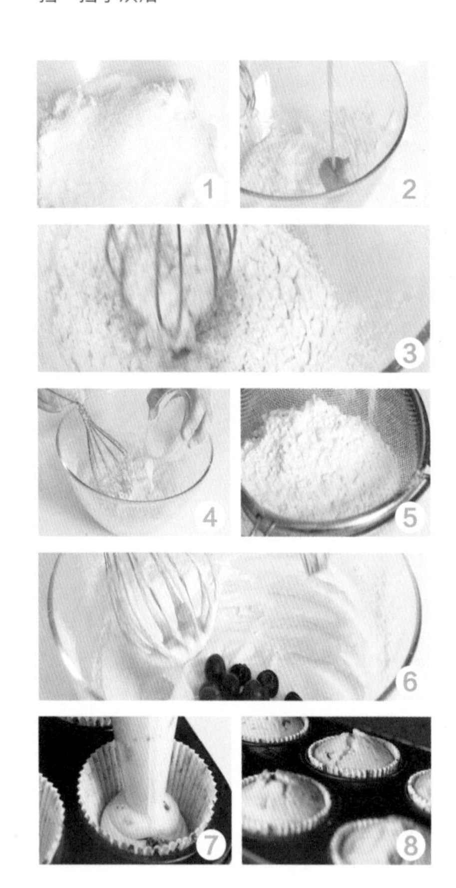

做法

1 将无盐黄油及细砂糖倒入搅拌盆中，搅拌均匀。
2 分2次加入鸡蛋，搅拌均匀。
3 筛入1/3低筋面粉，搅拌均匀。
4 倒入牛奶，搅拌均匀。
5 筛入泡打粉和剩余的低筋面粉，搅拌均匀。
6 倒入新鲜蓝莓，搅拌均匀，制成蛋糕糊。
7 将蛋糕纸杯放入玛芬模具中，蛋糕糊装入裱花袋，垂直挤入蛋糕纸杯。
8 将蛋糕纸杯放进预热至180℃的烤箱中，烘烤约25分钟即可。

烘焙妙招

可以在蛋糕糊中加入适量蓝莓果酱，这样味道会更好。

鲜奶油玛芬

烘焙：15~18分钟　难易度：★☆☆

材料

低筋面粉100克，黄油65克，鸡蛋60克，细砂糖80克，淡奶油40克，炼奶10克，泡打粉1/2小勺，盐适量

做法

1 将淡奶油、盐、细砂糖和炼奶搅打均匀，再打入鸡蛋打发，倒入黄油拌匀，筛入泡打粉、低筋面粉，翻拌均匀。
2 把面糊装入裱花袋中，再把面糊挤到置于烤盘上的纸杯中约八分满。
3 将纸杯放入预热好的烤箱中，以上火190℃、下火180℃烘烤15~18分钟，取出即可。

蔓越莓玛芬

烘焙：25分钟　难易度：★☆☆

材料

原味玛芬预拌粉175克，水45毫升，鸡蛋1个，植物油42毫升，蔓越莓干15克

做法

1 预拌粉、水、鸡蛋、植物油，搅拌均匀。
2 蔓越莓干用剪刀剪碎，再倒入面糊中，充分搅拌均匀。
3 将面糊装入裱花袋，挤入备好的蛋糕纸杯中至七分满，并整齐地摆放在烤盘内。
4 将烤盘放入预热好的烤箱，温度为上、下火160℃，烤制25分钟，取出即可。

奶油芝士玛芬

烘焙：16分钟　难易度：★☆☆

材料

奶油芝士100克，无盐黄油50克，细砂糖70克，鸡蛋2个，低筋面粉120克，泡打粉2克，柠檬汁适量，杏仁片适量

做法

1 奶油芝士和无盐黄油放入搅拌盆，用电动搅拌器打发至绵密状。

2 细砂糖分两次倒入，用电动搅拌器慢速打发。

3 分两次加入鸡蛋，每次加入一个，用电动搅拌器搅拌均匀。

4 倒入柠檬汁，慢慢搅拌均匀。注意不要过度搅拌，否则会影响玛芬口感。

5 筛入低筋面粉和泡打粉。

6 用橡皮刮刀搅拌均匀，制成蛋糕糊。

7 将蛋糕糊装入裱花袋，用剪刀在裱花袋尖端处剪一个小口，将蛋糕糊垂直挤入蛋糕纸杯中，至八分满。

8 在表面均匀撒上杏仁片。

9 烤箱以上火160℃、下火160℃预热，蛋糕放入烤箱，烤约16分钟，取出后放于散热架待其冷却即可。

烘焙妙招

烤制时可用牙签戳入蛋糕中间，拔出后牙签表面没有糊状颗粒即可。

草莓芝士玛芬

烘焙：20～25分钟　难易度：★☆☆

材料

奶油芝士100克，无盐黄油50克，细砂糖70克，鸡蛋100克，低筋面粉120克，泡打粉2克，浓缩柠檬汁5毫升，草莓适量

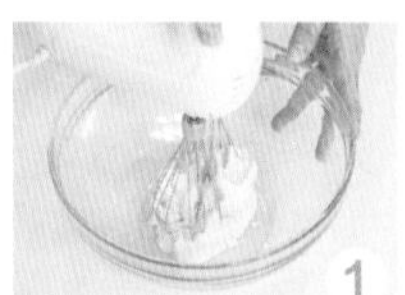

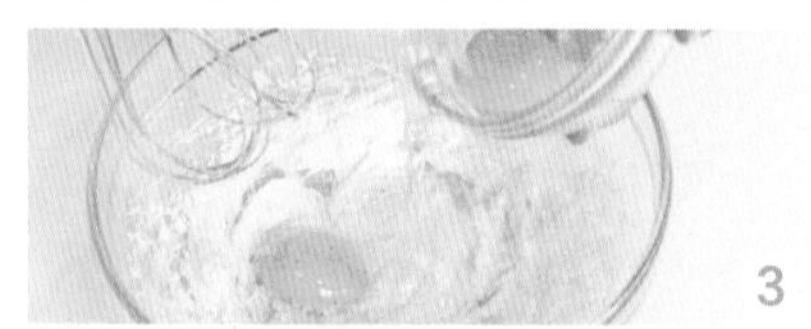
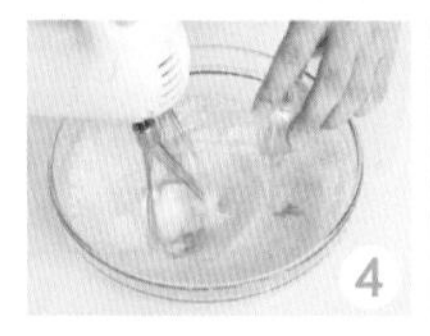
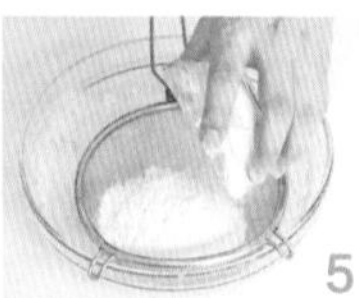

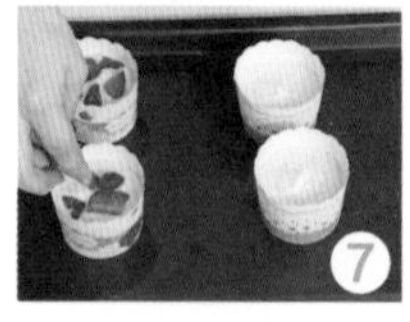

做法

1 将奶油芝士及无盐黄油倒入搅拌盆中，用电动搅拌器搅打均匀。
2 倒入细砂糖，继续搅打至蓬松羽毛状。
3 加入鸡蛋，搅拌均匀。
4 加入浓缩柠檬汁，搅拌均匀。
5 筛入低筋面粉及泡打粉，搅拌均匀，制成蛋糕糊。
6 将蛋糕糊装入裱花袋，垂直挤入到蛋糕纸杯中，至七分满。
7 在表面放上少许草莓。
8 放入预热至180℃的烤箱中，烘烤20～25分钟即可。

烘焙妙招

鸡蛋需分两次加入，分别搅拌，面糊更细腻。

苹果玛芬

烘焙：25分钟　难易度：★☆☆

材料

苹果丁150克，细砂糖90克，柠檬汁5毫升，肉桂粉1克，无盐黄油95克，鸡蛋1个，低筋面粉160克，泡打粉2克，盐1克，牛奶55毫升，椰丝10克

做法

1. 将苹果丁和30克细砂糖倒入平底锅中，加热约10分钟。
2. 待苹果丁变软后，加柠檬汁和肉桂粉拌匀。
3. 将室温软化的无盐黄油及60克细砂糖倒入搅拌盆中，用电动搅拌器搅拌均匀。
4. 加入鸡蛋，搅拌至完全融合，筛入低筋面粉、泡打粉及盐，搅拌均匀。
5. 倒入牛奶及1/2苹果丁，搅拌均匀，制成蛋糕糊，装入裱花袋。
6. 将蛋糕糊挤入蛋糕纸杯，至八分满。
7. 在表面放上剩余的苹果丁，再撒上一些椰丝。
8. 放进预热至175℃的烤箱中，烘烤约25分钟，烤好后取出放凉。

烘焙妙招

小火加热苹果丁时需经常搅拌，以免糊锅。

花生酱杏仁玛芬

烘焙：20分钟　难易度：★☆☆

材料

松饼粉200克，无盐黄油80克，细砂糖100克，鸡蛋2个，牛奶140毫升，花生酱30克，杏仁粒适量

做法

1. 将细砂糖及无盐黄油倒入搅拌盆中，搅拌至融合。
2. 倒入花生酱，继续搅拌均匀。
3. 鸡蛋倒入步骤2的混合物中，搅拌均匀。
4. 筛入松饼粉，用橡皮刮刀搅拌均匀。
5. 倒入牛奶，搅拌均匀，制成蛋糕糊。
6. 装入裱花袋中，用剪刀在裱花袋尖端处剪一小口。
7. 在玛芬模具中放入蛋糕纸杯。
8. 蛋糕糊垂直挤入蛋糕纸杯中，至八分满。
9. 杏仁粒切碎，撒在蛋糕表面。
10. 放入预热至170℃的烤箱中，烘烤约20分钟，至表面呈金黄色即可。

烘焙妙招

无盐黄油使用前需要在室温下软化。

巧克力玛芬

烘焙：25分钟　难易度：★☆☆

材料

巧克力玛芬预拌粉125克，水45毫升，鸡蛋1个，植物油42毫升，打发的淡奶油、草莓各适量

做法

1 将巧克力玛芬预拌粉、水、鸡蛋装入盆中，搅拌均匀，分两次加入植物油，分次搅拌均匀。

2 用长柄刮刀将面糊装入裱花袋中，尖端剪一个小口，挤入备好的蛋糕纸杯中至七分满，摆放在烤盘内。

3 将烤盘放入预热好的烤箱，温度为上、下火160℃，烤制25分钟，取出，点缀打发的淡奶油、草莓即可。

素巧克力蛋糕

烘焙：18分钟　难易度：★☆☆

材料

低筋面粉100克，巧克力碎20克，豆浆100毫升，枫糖浆50克，芥花籽油30毫升，可可粉5克，泡打粉2克，盐1克

做法

1 将枫糖浆、芥花籽油、豆浆、盐拌匀。

2 将低筋面粉、泡打粉、可可粉过筛至盆中，用橡皮刮刀翻拌成无干粉的面糊，即成蛋糕糊。

3 取蛋糕纸杯，倒入蛋糕糊，撒上巧克力碎，放在蛋糕模具内，移入已预热至180℃的烤箱中层，烤约18分钟即可。

胡萝卜巧克力蛋糕

烘焙：16分钟　难易度：★★☆

材料

蛋糕糊：熟胡萝卜泥200克，低筋面粉90克，芥花籽油30毫升，可可粉15克，枫糖浆70克，豆浆80毫升，泡打粉2克，盐0.5克；**装饰：**可可粉30克，豆浆78毫升，枫糖浆10克

做法

1 将70克枫糖浆、芥花籽油、80毫升豆浆、盐、熟胡萝卜泥倒入搅拌盆中，搅拌均匀。

2 过筛低筋面粉、可可粉、泡打粉至搅拌盆中，翻拌成无干粉的状态，制成蛋糕糊。

3 将蛋糕糊装入裱花袋里，再用剪刀在裱花袋尖端处剪一个小口。

4 挤入放了蛋糕纸杯的蛋糕烤盘，放入已预热至180℃的烤箱中，烘烤约16分钟。

5 往装有78毫升豆浆的碗里倒入可可粉搅拌均匀。

6 倒入10克枫糖浆，搅拌均匀，即成内馅。

7 取出烤好的纸杯蛋糕放在转盘上，用抹刀将装饰材料抹在蛋糕上，用抹刀尖端轻轻拉起内馅。

8 依次完成剩余的蛋糕，装入盘中即可。

烘焙妙招

挤面糊时，不需要在裱花袋中加裱花嘴。

巧克力咖啡蛋糕

烘焙：18分钟　难易度：★★☆

材料

蛋糕体：即溶咖啡粉3克，可可粉4克，鲜奶20毫升，热水20毫升，蛋黄40克，砂糖45克，植物油22毫升，咖啡酒10毫升，低筋面粉55克，蛋白80克，粟粉5克，盐2克；**装饰：**即溶咖啡粉2克，鲜奶5毫升，淡奶油100克

做法

1 5毫升鲜奶和2克即溶咖啡粉拌匀。

2 淡奶油打发至可提起鹰钩状。

3 将咖啡鲜奶与淡奶油拌匀，装入裱花袋，即为装饰奶油。

4 3克即溶咖啡粉、可可粉、20毫升鲜奶、咖啡酒及热水拌匀。

5 蛋黄、盐、20克砂糖拌匀。

6 倒入步骤4中的混合物，搅拌均匀，加入植物油拌均匀。

7 筛入低筋面粉及粟粉，拌均匀，呈面糊状。

8 蛋白加25克砂糖打发成蛋白霜。

9 加到面糊中拌匀，装入裱花袋。

10 将蛋糕面糊挤入纸杯中。

11 烤箱以上火180℃、下火150℃预热，蛋糕放入烤箱中层，全程烤约18分钟。

12 取出，挤上装饰奶油即可。

烘焙妙招

加入粉类时不可搅拌太久，过度搅拌会导致蛋糕体口感变差。

奶油巧克力杯子蛋糕

烘焙：12分钟　难易度：★★☆

材料

蛋糕糊：可可粉10克，低筋面粉60克，无盐黄油15克，牛奶25毫升，鸡蛋100克，黑糖50克；**装饰**：淡奶油适量，可可粉适量，糖粉适量，小猴子小旗适量

做法

1 将鸡蛋放入搅拌盆中，打散。
2 筛入黑糖，用电动搅拌器打匀。
3 将牛奶煮至沸腾，关火，倒入无盐黄油搅拌均匀。
4 将步骤3的牛奶混合物倒入步骤2中搅拌均匀。
5 筛入低筋面粉及可可粉10克，搅拌均匀，制成蛋糕糊。
6 将蛋糕糊装入到裱花袋中，垂直挤入蛋糕纸杯中，至八分满。
7 放进预热至180℃的烤箱中，烤12分钟取出。
8 将淡奶油用电动搅拌器快速打发，加入可可粉，搅拌均匀，装入裱花袋。
9 将奶油挤在杯子蛋糕表面。
10 最后撒上糖粉，插上小猴子小旗即可。

烘焙妙招

装饰蛋糕时，选择不同的裱花嘴，会别有趣味。

巧克力香蕉蛋糕

烘焙：30分钟　难易度：★★☆

材料

蛋糕糊：高筋面粉60克，低筋面粉20克，泡打粉1克，无盐黄油115克，奶油芝士90克，细砂糖115克，蛋黄3个，蛋清3个，香蕉半根；**装饰**：无盐黄油160克，巧克力160克，彩色糖果适量，糖粉适量

扫一扫学烘焙

做法

1. 将奶油芝士及115克无盐黄油倒入搅拌盆中，搅拌均匀。
2. 分次倒入60克细砂糖，拌匀。
3. 分次加入蛋黄，搅拌均匀。
4. 筛入泡打粉、低筋面粉及高筋面粉，搅拌均匀。
5. 取一新的搅拌盆，倒入蛋清及55克细砂糖，快速打发，制成蛋白霜。
6. 将1/3蛋白霜倒入步骤4的搅拌盆中，搅拌均匀，再倒回至剩余的蛋白霜中，搅拌均匀，制成蛋糕糊，装入裱花袋中。
7. 香蕉切厚片，再对半切。
8. 将蛋糕糊垂直挤入蛋糕纸杯中，放上切半的香蕉，再挤一层蛋糕糊，放入预热至170℃的烤箱中烘烤约30分钟，取出，放凉。
9. 巧克力加热融化，倒入160克无盐黄油中，搅拌均匀，装入裱花袋，在蛋糕上放一片香蕉，再挤上巧克力酱，撒上彩色糖果及糖粉即可。

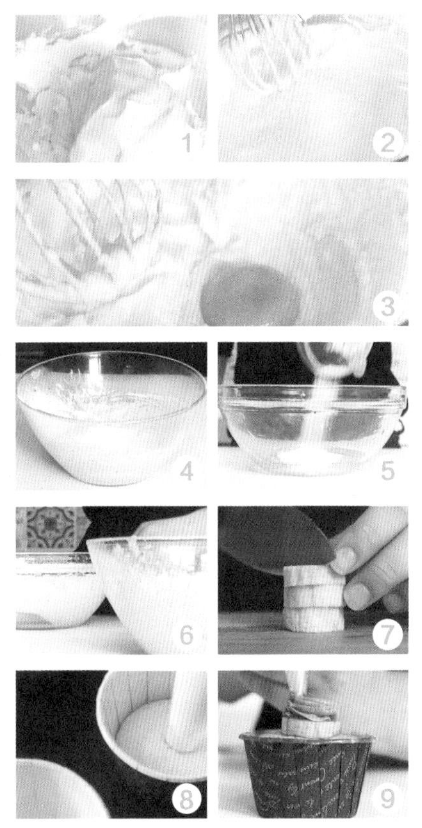

经典浓情布朗尼

烘焙：25分钟　难易度：★☆☆

材料

无盐黄油100克，细砂糖80克，饴糖30克，盐2克，鸡蛋110克，黑巧克力55克，低筋面粉50克，可可粉10克，泡打粉2克，核桃碎60克

做法

1 烤箱通电后，将上火温度调至180℃，下火温度调至150℃，进行预热。

2 备好一个玻璃碗，将无盐黄油、细砂糖、盐倒入其中，进行打发。

3 倒入饴糖，搅拌，再筛入低筋面粉、泡打粉、可可粉，用电动搅拌器充分拌匀。

4 鸡蛋分多次加入玻璃碗中并搅拌均匀，每加入一次都要充分拌匀。

5 把化好的黑巧克力加入面糊中，拌匀，加入核桃碎进行搅拌。

6 用长柄刮刀将制好的面糊放入裱花袋，再将面糊挤到蛋糕纸杯中约七分满。

7 把蛋糕放入预热好的烤箱中烘烤约25分钟。

8 将烤好的成品取出，摆放在盘中即可。

烘焙妙招

饴糖是用高粱、米、大麦、粟、玉米等发酵制成的糖类食品，成品为黄褐色黏稠液体。

巧克力杯子蛋糕

烘焙：20分钟　难易度：★★☆

材料

低筋面粉82克，全蛋55克，巧克力块55克，细砂糖30克，无盐黄油30克，牛奶30毫升，泡打粉1克，打发淡奶油适量，巧克力碎少，熟板栗少许，樱桃少许

做法

1 将巧克力块装入玻璃碗中，碗中再倒入无盐黄油，隔热水融化，再搅拌均匀。
2 将玻璃碗中的材料倒入另一个大玻璃碗中，再倒入细砂糖，搅拌均匀至溶化。
3 倒入全蛋，快速搅拌均匀。
4 边倒入牛奶，边搅拌均匀。
5 将低筋面粉、泡打粉过筛至碗里。
6 搅拌至无干粉状态，即成巧克力蛋糕糊。
7 将巧克力蛋糕糊装入裱花袋里，用剪刀在裱花袋尖端处剪一个口子。
8 将蛋糕纸杯放在蛋糕模上，往蛋糕纸杯内挤入巧克力蛋糕糊至九分满。
9 将蛋糕模放在烤盘上，再移入已预热至170℃的烤箱中层，烤约20分钟。
10 将打发淡奶油挤在烤好的蛋糕上，再放上巧克力碎、熟板栗、樱桃作装饰即可。

三色杯子蛋糕

烘焙：25分钟　难易度：★★☆

材 料

低筋面粉125克，全蛋（1个）55克，细砂糖30克，牛奶30毫升，橄榄油40毫升，白兰地5毫升，泡打粉2克，淡奶油100克，抹茶粉、可可粉、红曲粉各少许

做 法

1 将全蛋和细砂糖打至九分发，倒入橄榄油、白兰地搅匀，筛入低筋面粉、泡打粉拌匀，倒入牛奶，拌成蛋糕糊，装入裱花袋里，挤入蛋糕纸杯，放入已预热至180℃的烤箱中，烤约25分钟，取出。

2 将淡奶油打至九分发，装入裱花袋。

3 在蛋糕表面挤上打发的淡奶油，分别筛上可可粉、抹茶粉、红曲粉作装饰即可。

香橙重油蛋糕

烘焙：20分钟　难易度：★☆☆

材 料

香橙皮40克，泡打粉5克，糖粉100克，鸡蛋100克，低筋面粉100克，色拉油100毫升

做 法

1 将香橙皮用刀切成丁。

2 将泡打粉、糖粉（留少许）、鸡蛋、低筋面粉、色拉油倒入玻璃碗中，用搅拌器搅拌成面糊。

3 将切成丁的香橙皮倒入面糊中，搅拌均匀后装入裱花袋，再将其挤入纸杯中。

4 纸杯放进以上火170℃、下火180℃预热的烤箱中，烤20分钟，取出，撒糖粉即可。

朗姆酒树莓蛋糕

烘焙：18分钟　难易度：★★☆

材料

无盐黄油90克，细砂糖105克，盐2克，64%黑巧克力35克，鸡蛋80克，低筋面粉140克，泡打粉2克，可可粉10克，朗姆酒60毫升，新鲜树莓6个，淡奶油200克，黄色色素适量

做法

1 无盐黄油倒入搅拌盆中。
2 加入细砂糖及盐搅打均匀。
3 黑巧克力隔水融化后，倒入到搅拌盆中，快速搅打均匀。
4 分两次加入鸡蛋，打至软滑。
5 筛入低筋面粉、泡打粉及可可粉，搅拌至无颗粒状。
6 加入朗姆酒，拌匀融合。
7 将蛋糕糊装入裱花袋。
8 烤盘中放上蛋糕纸杯，将蛋糕糊挤入纸杯中至七分满；烤箱温度以上火170℃、下火160℃预热，蛋糕放入烤箱中层，全程烤约18分钟。
9 淡奶油打发至可提起鹰钩状。
10 取一小部分已打发的奶油，加入几滴黄色色素，搅拌均匀。
11 将已打发好的奶油分别装入裱花袋中，挤在已经放凉的蛋糕表面，先用白色奶油挤出花瓣形状，再用黄色奶油点缀出花芯。
12 最后再加上树莓装饰即可。

烘焙妙招

加入的鸡蛋若使用冷藏的鸡蛋可能造成蛋和油无法融合，影响蛋糕口感。

薄荷酒杯子蛋糕

烘焙：15分钟　难易度：★☆☆

材料

蛋糕糊：无盐黄油80克，细砂糖40克，炼奶100克，鸡蛋2个，低筋面粉120克，泡打粉3克；**装饰**：淡奶油100克，细砂糖20克，草莓3颗，薄荷酒适量

做法

1 将无盐黄油及40克细砂糖倒入搅拌盆中，搅拌均匀。
2 倒入炼奶，搅拌均匀。
3 分3次加入鸡蛋，每次都要搅拌均匀。
4 筛入低筋面粉及泡打粉，搅拌均匀，制成蛋糕糊，装入裱花袋中。
5 将蛋糕纸杯放入玛芬模具中，再将蛋糕糊挤入蛋糕纸杯至八分满，放进预热至180℃的烤箱中，烘烤约15分钟。
6 将淡奶油及20克细砂糖倒入搅拌盆中，用电动搅拌器打发。
7 倒入薄荷酒，搅拌均匀，装入裱花袋中。
8 取出烤箱中的杯子蛋糕，震动几下，放凉。
9 将已打发的薄荷酒淡奶油挤在已放凉的杯子蛋糕表面，放上草莓装饰即可。

奥利奥小蛋糕

烘焙：20分钟　难易度：★★☆

材料

低筋面粉120克，泡打粉3克，无盐黄油75克，奥利奥饼干碎45克，鸡蛋50克，细砂糖40克，牛奶50毫升

做法

1. 将室温软化的无盐黄油及细砂糖倒入搅拌盆中，搅拌至顺滑。
2. 加入鸡蛋，搅拌均匀至完全融合。
3. 倒入牛奶，搅拌均匀。
4. 筛入低筋面粉及泡打粉，用橡皮刮刀搅拌均匀。
5. 再加入奥利奥饼干碎，搅拌均匀，制成蛋糕糊。
6. 将蛋糕糊装入裱花袋中，垂直挤入蛋糕纸杯中，至八分满。
7. 放进预热至170℃的烤箱中，烘烤约20分钟，烤好后取出放凉即可。

烘焙妙招

牛奶最好分两次倒入。

奥利奥芝士小蛋糕

扫一扫学烘焙

烘焙：16分钟　难易度：★★☆

材料

奶油芝士250克，淡奶油150克，蛋黄50克，蛋白50克，香草精2毫升，细砂糖60克，奥利奥饼干碎适量

做法

1 奶油芝士倒入搅拌盆中，用电动搅拌器打散。

2 倒入淡奶油、30克细砂糖、蛋黄，搅打均匀。

3 加入香草精，搅拌成淡黄色霜状混合物。

4 蛋白加入30克细砂糖，用电动搅拌器快速打发至可提起鹰钩状，制成蛋白霜。

5 将蛋白霜分两次加入到步骤3的搅拌盆中，搅拌均匀，制成蛋糕糊，装入裱花袋中。

6 垂直从中间挤入蛋糕纸杯中至七分满，在蛋糕表面撒上少许奥利奥饼干碎。

7 在烤盘中倒入适量清水，放入烤箱中。

8 以180℃约烤10分钟，转150℃约烤6分钟即可。

烘焙妙招

如果家中没有散热架，可以用锡纸包住杯子底部，防止杯子碰到水。

Merry
Christmas
2016

红丝绒纸杯蛋糕

烘焙：20分钟　难易度：★★☆

扫一扫学烘焙

材料

蛋糕体：低筋面粉100克，糖粉65克，无盐黄油45克，鸡蛋1个，鲜奶90毫升，可可粉7克，柠檬汁8毫升，盐2克，小苏打2.5克，红丝绒色素5克；**装饰：**奶油100克，糖粉8克，Hello Kitty装饰小旗适量

做法

1 无盐黄油、65克糖粉、盐拌匀。
2 加入鸡蛋搅拌至完全融合。
3 加入红丝绒色素，拌均匀。
4 倒入鲜奶、柠檬汁，搅拌。
5 筛入低筋面粉、可可粉、小苏打，拌成蛋糕糊。
6 将面糊装入裱花袋。
7 从中间垂直挤入蛋糕纸杯至七分满。
8 烤箱以上、下火175℃预热，将蛋糕放入烤箱，烤约20分钟。
9 淡奶油加8克糖粉用电动搅拌器快速打发至可提起鹰钩状。
10 将打发好的淡奶油装入裱花袋中，挤在蛋糕表面，插上Hello Kitty的装饰小旗即可。

烘焙妙招

若家中没有红丝绒色素，也可用红曲粉代替。

提子松饼蛋糕

烘焙：20分钟　难易度：★★☆

材料

鸡蛋3个，细砂糖135克，盐3克，鲜奶110毫升，无盐黄油150克，高筋面粉55克，低筋面粉145克，泡打粉3克，提子干120克，淡奶油100克

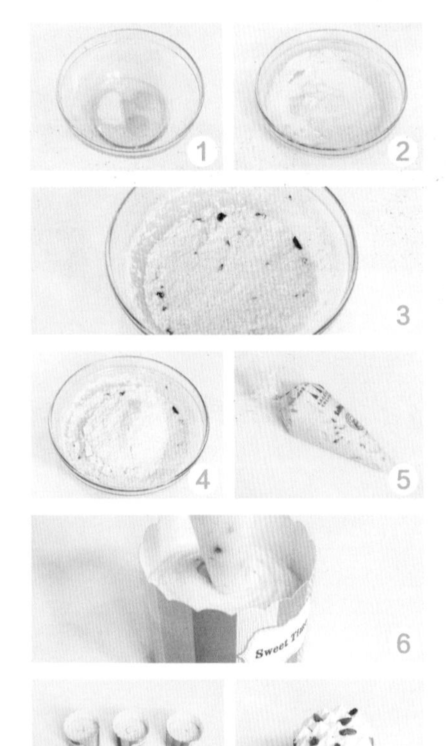

做法

1 将鸡蛋打入搅拌盆，加入细砂糖，用电动搅拌器搅打均匀。

2 加入盐、鲜奶及无盐黄油用电动搅拌器慢速拌匀，转用快速拌至软滑。

3 再加入提子干拌匀。

4 筛入高筋面粉、低筋面粉及泡打粉，搅拌均匀，制成蛋糕糊。

5 将蛋糕糊装入裱花袋。

6 从中间挤入到蛋糕纸杯中。

7 烤箱以上火170℃、下火160℃预热，蛋糕放入烤箱中，全程烤约20分钟。

8 出炉后待其冷却，在表面挤上已打发的淡奶油，用提子干装饰即可。

烘焙妙招

如果全蛋不易打发，可边隔水加热边打发。

水蒸豹纹蛋糕

烘焙：20分钟　难易度：★★☆

材料

蛋黄糊：细砂糖25克，水80毫升，植物油60毫升，低筋面粉115克，泡打粉2克，蛋黄115克；**蛋白霜**：蛋白210克，塔塔粉2克，细砂糖90克；**豹纹糊**：可可粉4克

做法

1 将25克细砂糖和水倒入锅中，煮至细砂糖溶化，再加入植物油，搅拌均匀。

2 筛入低筋面粉和泡打粉，用橡皮刮刀拌匀。

3 倒入蛋黄，搅拌均匀，制成蛋黄糊。

4 蛋白、塔塔粉及90克细砂糖，打发成蛋白霜。

5 取2/3的蛋白霜分次加入到蛋黄糊中拌均匀，再倒回剩余的蛋白霜中拌均匀，制成蛋糕糊。

6 取一部分蛋糕糊，装入两个小碗中，分别筛入1克可可粉和3克可可粉，搅拌均匀，制成浅色可可蛋糕糊和深色可可蛋糕糊。

7 将步骤5中剩余的蛋糕糊倒入蛋糕纸杯中，将两种可可蛋糕糊分别装入裱花袋中。

8 先用浅色可可蛋糕糊在蛋糕纸杯表面画上几个圆点，再用深色可可蛋糕糊在圆点周围画上围边，呈现豹纹状。放入预热至175℃的烤箱中烘烤20分钟。

蒙布朗杯子蛋糕

烘焙：18分钟　难易度：★★☆

材料

栗子酱100克，鸡蛋50克，牛奶50毫升，细砂糖30克，松饼粉50克，色拉油5毫升，熟栗子1个

做法

1 将鸡蛋倒入大玻璃碗中，用手动搅拌器搅散。
2 在碗中倒入细砂糖。
3 边倒边搅拌至细砂糖溶化。
4 倒入色拉油。
5 倒入牛奶，搅拌均匀。
6 筛入松饼粉，搅拌至无干粉，即成蛋糕糊。
7 将蛋糕糊倒入马克杯中至九分满。
8 将马克杯放在烤盘上，再移入已预热至180℃的烤箱中层，烤约18分钟。
9 取出烤好的蛋糕，挤上栗子酱。
10 再放上一个熟栗子作装饰即可。

烘焙妙招

黄油通常需要冷藏储存。

黑芝麻杯子蛋糕

烘焙：13分钟 难易度：★★☆

材料

蛋糕糊：低筋面粉60克，黑芝麻粉20克，无盐黄油15克，牛奶25毫升，鸡蛋100克，细砂糖50克；**装饰**：淡奶油适量，细砂糖适量，黑芝麻粉适量

做法

1 将牛奶加热至沸腾，关火，倒入无盐黄油，搅拌均匀。

2 将鸡蛋及50克细砂糖用电动搅拌器打至发白。

3 再倒入步骤1中的混合物，搅拌均匀。

4 筛入低筋面粉和20克黑芝麻粉，拌成蛋糕糊。

5 将蛋糕糊装入裱花袋中，拧紧裱花袋口。

6 将蛋糕糊垂直挤入蛋糕纸杯中。

7 放入预热至180℃的烤箱中，烘烤约13分钟，取出。

8 将淡奶油及细砂糖倒入新的搅拌盆中，用电动搅拌器快速打发，至可提起鹰嘴状。

9 倒入黑芝麻粉，搅拌均匀，装入裱花袋中。

10 以螺旋状手法挤在杯子蛋糕的表面作为装饰。

烘焙妙招

烤好后放凉再以奶油装饰，不然奶油会很快融化。

可乐蛋糕

烘焙：18分钟　难易度：★★☆

材料

可乐165毫升，无盐黄油60克，高筋面粉55克，低筋面粉55克，泡打粉2克，可可粉5克，鸡蛋1个，香草精2滴，细砂糖65克，盐2克，棉花糖20克，淡奶油100克，草莓3颗，糖粉少许

做法

1. 无盐黄油放入不粘锅，慢火煮至融化，倒入可乐搅拌均匀，盛起待凉。
2. 鸡蛋加入香草精、35克细砂糖、盐拌匀。
3. 倒入已凉的黄油可乐。
4. 筛入高筋面粉、低筋面粉、泡打粉及可可粉，拌匀成面糊状。
5. 将面糊装入裱花袋中，拧紧裱花袋口。
6. 在玛芬模具中放入蛋糕纸杯。
7. 将蛋糕面糊垂直挤入纸杯中至七分满。
8. 在表面放上棉花糖；烤箱以上火170℃、下火160℃预热，蛋糕放入烤箱中，烤18分钟。
9. 淡奶油加30克细砂糖打发，挤在蛋糕上。
10. 放上切半的草莓，撒上糖粉装饰即可。

烘焙妙招

鸡蛋与细砂糖打到发泡，加入液体后搅拌2~3下即可。

红茶蛋糕

烘焙：17分钟　难易度：★★☆

材料

鸡蛋1个，清水12毫升，细砂糖30克，盐2克，低筋面粉35克，泡打粉1克，红茶叶碎1小包，无盐黄油（热融）12克，炼奶6克，淡奶油80克，朗姆酒2毫升，可可粉少许

做法

1 鸡蛋、细砂糖及盐用电动搅拌器慢速拌匀。
2 加入清水，继续搅拌。
3 加入低筋面粉、泡打粉拌匀。
4 再分别加入炼奶及热融无盐黄油，用橡皮刮刀拌匀。
5 在玛芬模具上先放上纸杯。
6 将蛋糕面糊装入裱花袋，挤入纸杯中，至八分满。
7 撒上红茶叶碎。
8 烤箱以上火170℃、下火160℃预热，蛋糕放入烤箱中，烤约17分钟，出炉。
9 淡奶油打发至可提起鹰钩状。
10 在淡奶油中加入朗姆酒，拌匀后，装入裱花袋。
11 将拌匀的淡奶油以螺旋状挤于蛋糕表面。
12 撒上可可粉装饰即可。

烘焙妙招

如果希望茶香浓厚一些，可以将清水换成热水，冲泡红茶，将茶渣滤出即可。

绿茶蛋糕

烘焙：20分钟　难易度：★☆☆

材料

糖粉160克，鸡蛋220克，低筋面粉270克，牛奶40毫升，盐3克，泡打粉8克，融化的黄油150克，绿茶粉15克，红豆泥适量

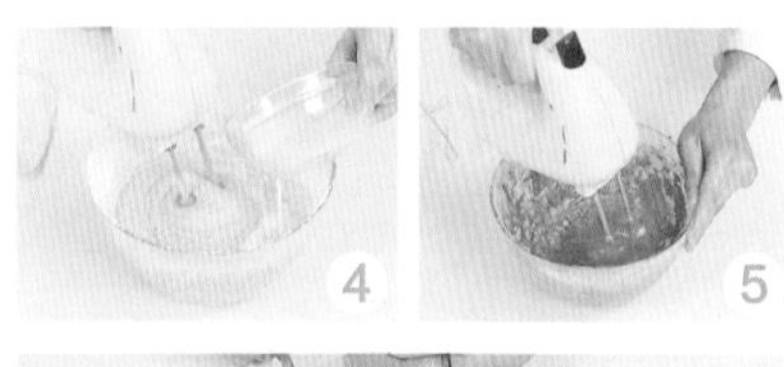

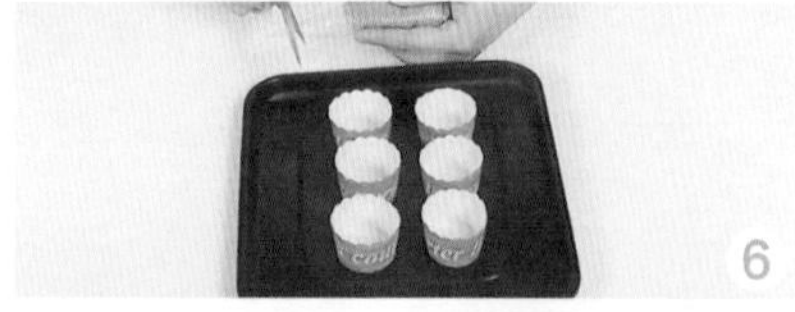

做法

1 将鸡蛋、糖粉、盐倒入大碗中，搅拌均匀。

2 倒入融化的黄油，搅拌均匀。

3 将低筋面粉、泡打粉过筛至大碗中，继续搅拌均匀。

4 倒入牛奶，不停搅拌，制成面糊，待用。

5 取适量面糊，加入绿茶粉，用电动搅拌器搅拌均匀，装入裱花袋中。

6 把蛋糕纸杯放入烤盘中，在裱花袋尖端部位剪开一个小口。

7 将面糊挤入纸杯内，至七分满。

8 将烤盘放入烤箱，以上火190℃、下火170℃烤20分钟至熟，取出，点缀红豆泥即可。

烘焙妙招

可以在纸杯里加入葡萄干，口味会更佳。

黑糖蒸蛋糕

烘焙：15分钟　难易度：★☆☆

材料

鸡蛋2个，细砂糖30克，香草精2滴，盐少许，低筋面粉110克，塔塔粉2克，无盐黄油20克，牛奶65毫升，黑糖75克

做法

1 将鸡蛋、盐及细砂糖打发，筛入低筋面粉、塔塔粉，搅拌均匀，制成蛋糊。
2 黑糖、牛奶、香草精拌匀，即黑糖牛奶。
3 将无盐黄油加热融化，倒入黑糖牛奶中，搅拌均匀，再倒入蛋糊中，搅拌成蛋糕糊，装入裱花袋中，挤入蛋糕纸杯中，放在烤盘上，在烤盘中注水，放入预热至160℃的烤箱中，烘烤约15分钟即可。

全麦胚芽蛋糕

烘焙：25分钟　难易度：★☆☆

材料

蛋黄糊：蛋黄2个，细砂糖20克，橄榄油10毫升，牛奶40毫升，胚芽粉5克，低筋面粉20克，全麦粉5克，泡打粉1克；**蛋白霜**：蛋清2个，细砂糖20克

做法

1 蛋黄和20克细砂糖，搅拌均匀，倒入牛奶、橄榄油、胚芽粉、全麦粉、低筋面粉、泡打粉，搅拌均匀，制成蛋黄糊。
2 蛋清加20克细砂糖打发，制成蛋白霜。
3 将蛋白霜倒入蛋黄糊中，搅拌均匀，制成蛋糕糊，装入裱花袋，垂直挤入蛋糕纸杯中，放入预热至170℃的烤箱中烘烤约25分钟即可。

Sweet Time
Sweet Time

苹果杏仁蛋糕

烘焙：15分钟　难易度：★☆☆

材料

低筋面粉120克，苹果丁45克，苹果汁120毫升，淀粉15克，芥花籽油30毫升，蜂蜜40克，泡打粉1克，苏打粉1克，杏仁片少许

做法

1. 将芥花籽油、蜂蜜倒入搅拌盆中，用手动搅拌器搅拌均匀。
2. 再倒入苹果汁，搅拌均匀。
3. 将低筋面粉、淀粉、泡打粉、苏打粉过筛至搅拌盆中，搅拌至无干粉的状态。
4. 倒入苹果丁，搅拌均匀，制成苹果蛋糕糊。
5. 将苹果蛋糕糊装入裱花袋，用剪刀在裱花袋尖端处剪一个小口。
6. 取蛋糕杯，挤入苹果蛋糕糊。
7. 撒上杏仁片。
8. 将蛋糕杯放在烤盘上，再将烤盘移入已预热至180℃的烤箱中层，烤约15分钟即可。

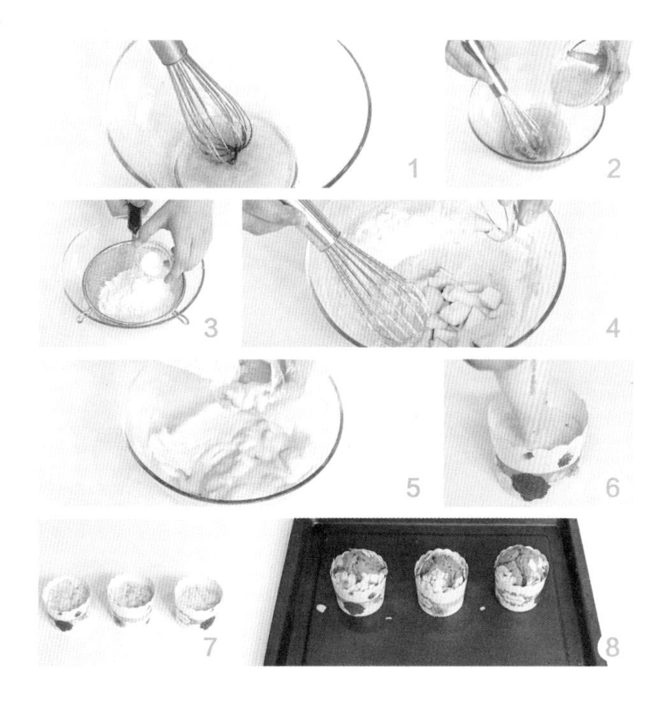

烘焙妙招

杏仁片烘烤过，再点缀在烤好的蛋糕上，口感也很好。

樱桃开心果杏仁蛋糕

烘焙：20分钟 难易度：★★☆

材料

蜂蜜60克，芥花籽油8毫升，低筋面粉15克，杏仁粉75克，清水80毫升，泡打粉2克，开心果碎4克，新鲜樱桃60克

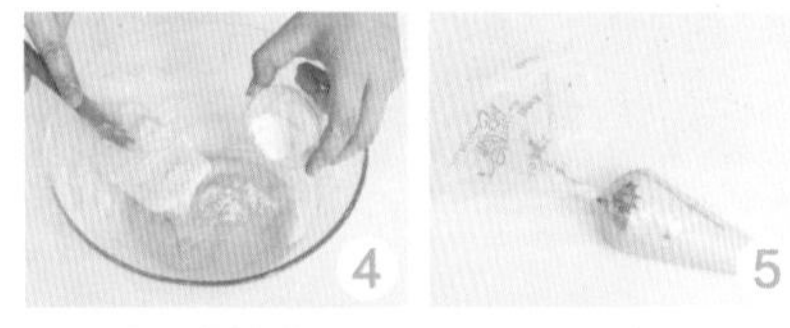

做法

1 将蜂蜜、芥花籽油倒入搅拌盆中，用手动搅拌器搅拌均匀。

2 将低筋面粉、杏仁粉过筛至盆里，用橡皮刮刀翻拌至无干粉的状态。

3 倒入少许清水，翻拌均匀。

4 倒入泡打粉，继续拌匀，即成蛋糕糊。

5 将蛋糕糊装入裱花袋中，用剪刀在裱花袋尖端处剪一个小口。

6 取蛋糕模具，放上蛋糕纸杯，挤入蛋糕糊至七分满。

7 撒上开心果碎，放上新鲜樱桃。

8 将蛋糕模具放入已预热至180℃的烤箱中层，烤约20分钟即可。

烘焙妙招

放入新鲜樱桃前，应先去掉果核。

柠檬椰子纸杯蛋糕

烘焙：25分钟　难易度：★☆☆

材料

椰浆100克，椰子粉40克，豆浆40毫升，低筋面粉70克，枫糖浆60克，芥花籽油35毫升，泡打粉1克，苏打粉1克，柠檬汁10毫升，盐0.5克

做法

1 将椰浆、豆浆、枫糖浆、芥花籽油、柠檬汁、盐倒入搅拌盆中，搅拌均匀。

2 再将椰子粉、泡打粉、苏打粉、低筋面粉过筛至搅拌盆中，搅拌至无干粉的状态，即制成蛋糕糊，装入裱花袋里。

3 将蛋糕纸杯铺在蛋糕烤盘上，把蛋糕糊挤在蛋糕纸杯里至七分满，放入已预热至180℃的烤箱中层，烤约25分钟即可。

水果杯子蛋糕

烘焙：15分钟　难易度：★★☆

材料

无盐黄油115克，糖粉125克，盐1克，蛋黄54克（3个），蛋白54克，鲜奶60毫升，香草粉3克，低筋面粉206克，泡打粉2克，朗姆酒10毫升，肉桂粉2克，水果蜜饯100克，打发的鲜奶油、草莓块各适量

做法

1 无盐黄油加入糖粉打发。

2 蛋白加入15克糖粉，搅打至硬性发泡。

3 打发的黄油中加入其他材料拌匀，再倒入蛋白中拌匀装入裱花袋里，挤入蛋糕纸杯内，移入已预热至190℃的烤箱中层，烤约15分钟，取出，挤上打发的鲜奶油，放上草莓块作装饰即可。

樱桃奶油蛋糕

烘焙：23分钟　难易度：★☆☆

材料

蛋糕糊：蛋黄75克，细砂糖25克，低筋面粉60克，杏仁粉30克，可可粉15克，盐1克，鲜奶15毫升，泡打粉1克；**蛋白霜**：蛋白90克，细砂糖35克；**装饰**：淡奶油100克，细砂糖15克，樱桃适量

做法

1 将蛋黄和鲜奶倒入搅拌盆中，搅拌均匀。

2 倒入盐及25克细砂糖，搅拌均匀。

3 筛入可可粉、低筋面粉、泡打粉及杏仁粉，用橡皮刮刀搅拌均匀。

4 另取一干净的搅拌盆，将蛋白和35克细砂糖倒入，用电动搅拌器快速打发，至可提起鹰嘴状，制成蛋白霜。

5 将蛋白霜分三次倒入步骤3的混合物中，搅拌均匀，制成蛋糕糊，装入裱花袋中。

6 将蛋糕糊挤入玛芬模具中，放入预热至165℃的烤箱中，烘烤约23分钟。

7 将淡奶油及15克细砂糖倒入搅拌盆中，快速打发，至可提起鹰嘴状，装入裱花袋中。

8 取出烤好的蛋糕，放凉，脱模，挤上步骤7制成的奶油。

9 最后放上樱桃作为装饰即可。

烘焙妙招

低筋面粉过筛后再加入到制作过程中，可使蛋糕口感更细腻。

蓝莓果酱花篮

烘焙：15分钟　难易度：★★☆

材料

鸡蛋2个，鲜奶25毫升，低筋面粉50克，泡打粉1克，盐1克，炼奶10克，蓝莓果酱适量，细砂糖50克，无盐黄油80克，糖浆20克，柠檬叶少许

做法

1 将鸡蛋倒入搅拌盆中，用电动搅拌器搅拌均匀。

2 加入细砂糖、盐打发，此过程需隔水加热。

3 取一盆隔水加热，倒入60克无盐黄油、鲜奶、炼奶隔水加热，搅拌均匀。

4 倒入到步骤2的混合物中，搅打均匀至稠状，筛入低筋面粉及泡打粉，搅拌均匀至无颗粒状。

5 蛋糕纸杯放入玛芬模具中。

6 将拌好的蛋糕糊挤入纸杯中至八分满；烤箱以上火170℃、下火160℃预热，将模具放入烤箱中层，烤约15分钟，取出后倒扣，防止塌陷。

7 将20克无盐黄油及糖浆放入搅拌盆中，用电动搅拌器快速打发，装入裱花袋中。

8 在蛋糕体的四周挤上奶油，在中间铺上适量蓝莓果酱，点缀上柠檬叶即可。

烘焙妙招

开烤之前，先静置两分钟，使模具杯中的材料表面更光滑均匀。

奶茶小蛋糕

烘焙：18分钟　难易度：★☆☆

材料

低筋面粉120克，牛奶10毫升，鸡蛋50克，红茶2克，红茶水65毫升，白砂糖70克，黄油30克

做法

1. 烤箱以上火170℃、下火160℃进行预热。
2. 将红茶水、白砂糖、鸡蛋、红茶、牛奶、低筋面粉、软化的黄油拌匀。
3. 装入裱花袋中，挤入蛋糕纸杯中。
4. 把蛋糕放进预热好的烤箱中烘烤约18分钟，烤好后将蛋糕取出即可。

小巧蜂蜜蛋糕

烘焙：10分钟　难易度：★☆☆

材料

鸡蛋1个，蜂蜜2大勺，柠檬汁5毫升，松饼粉55克，无盐黄油30克

做法

1. 鸡蛋打散，倒入蜂蜜、柠檬汁，搅拌均匀，倒入松饼粉，搅拌均匀。
2. 将无盐黄油倒入隔水加热的锅中，加热至融化，倒入蛋糊中拌匀，制成蛋糕糊。
3. 将蛋糕糊装入裱花袋中，在裱花袋尖端剪一个约1厘米的小口。
4. 将蛋糕糊垂直挤入模具中，模具放到烤盘上， 放入预热至180℃的烤箱中，烘烤约10分钟，烤好后取出放凉即可。

黑糖桂花蛋糕

烘焙：25分钟　难易度：★☆☆

材料

蛋黄糊：蛋黄2个，黑糖20克，色拉油10毫升，干桂花3克，低筋面粉50克，泡打粉1克，热水30毫升；**蛋白霜**：蛋白2个，细砂糖20克

扫一扫学烘焙

做法

1 将热水倒入2克干桂花中，浸泡备用。
2 在搅拌盆中倒入蛋黄及黑糖，搅拌均匀。
3 加入浸泡过的桂花（倒掉浸泡的水）及色拉油，搅拌均匀。
4 筛入低筋面粉及泡打粉，搅拌均匀。
5 取一个新的搅拌盆，倒入蛋白及细砂糖，充分打发，制成蛋白霜。
6 将1/3蛋白霜倒入步骤4的混合物中，搅拌均匀。
7 再将其倒回至装有剩余蛋白霜的盆中，继续搅拌均匀，制成蛋糕糊。
8 将蛋糕糊装入裱花袋中，挤入蛋糕纸杯中，放入预热至170℃的烤箱中烘烤约25分钟。
9 取出后在表面撒上剩余的干桂花即可。

烘焙妙招

冷藏的鸡蛋使用前最好在室温下回温。

红枣芝士蛋糕

烘焙：13分钟　难易度：★☆☆

材料

蛋糕糊：奶油芝士90克，无盐黄油65克，细砂糖50克，鸡蛋100克，低筋面粉100克，泡打粉2克，红枣糖浆45克；**装饰：**已打发的淡奶油适量，薄荷叶适量，防潮糖粉适量

做法

1 将无盐黄油及奶油芝士倒入搅拌盆中，用电动搅拌器低速打发30秒至1分钟。

2 倒入细砂糖，继续低速打发2～3分钟。

3 分次加入鸡蛋，搅拌均匀。

4 倒入红枣糖浆，用电动搅拌器搅打片刻，至鸡蛋浆呈绵密状态。

5 筛入低筋面粉及泡打粉，用橡皮刮刀充分搅拌均匀，制成蛋糕糊。

6 将蛋糕糊装入裱花袋中。

7 取玛芬模具，在玛芬模具中放上蛋糕纸杯。

8 将蛋糕糊垂直挤入蛋糕纸杯中，至八分满。放入预热至175℃的烤箱中，烘烤约13分钟。

9 取出烤好的杯子蛋糕，放凉至室温。

10 挤上已打发的淡奶油，撒上防潮糖粉，放上薄荷叶装饰即可。

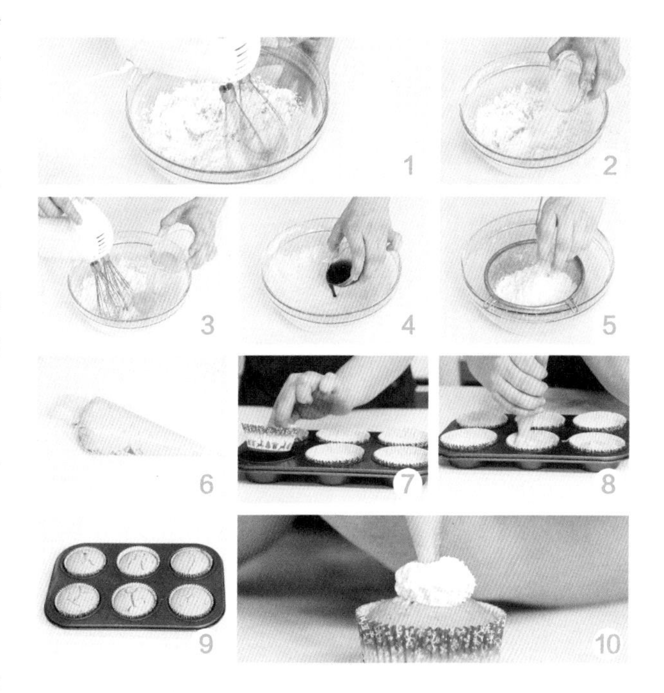

烘焙妙招

全蛋不容易打发，可以将蛋液隔热水稍稍加热，就较易打发。

肉松紫菜蛋糕

烘焙：25分钟　难易度：★★☆

材料

蛋黄糊：蛋黄2个，细砂糖15克，色拉油15毫升，水40毫升，紫菜碎8克，低筋面粉40克，泡打粉1克；**蛋白霜**：蛋白2个，细砂糖20克；**装饰**：肉松20克

扫一扫学烘焙

做法

1. 将蛋黄倒入搅拌盆中，打散，倒入15克细砂糖，搅拌均匀。
2. 倒入色拉油，搅拌均匀。
3. 倒入水，搅拌均匀。
4. 筛入低筋面粉及泡打粉，搅拌均匀。
5. 倒入紫菜碎，搅拌均匀，制成蛋黄糊。
6. 在一新的搅拌盆中，将蛋白和20克细砂糖打发，制成蛋白霜。
7. 取1/3的蛋白霜倒入蛋黄糊中搅拌均匀，再倒入剩余的蛋白霜中，制成蛋糕糊，装入裱花袋。
8. 将蛋糕糊垂直挤入蛋糕纸杯中，在表面放上肉松，放入预热至170℃的烤箱中，烘烤25分钟即可。

烘焙妙招

购买纸杯时，要买花纹使用大豆油墨印刷的。

核桃黄油蛋糕

烘焙：20分钟 难易度：★☆☆

材料

蛋黄2个，细砂糖60克，无盐黄油50克，牛奶20毫升，低筋面粉100克，泡打粉2克，核桃适量，香草精3滴

扫一扫学烘焙

做法

1 在搅拌盆中倒入无盐黄油和细砂糖，搅拌均匀。
2 倒入牛奶，搅拌均匀。
3 倒入蛋黄，搅拌均匀。
4 筛入低筋面粉及泡打粉，搅拌均匀。
5 倒入香草精，搅拌均匀，制成蛋糕糊，装入裱花袋。
6 将蛋糕糊垂直挤入蛋糕纸杯中，至七分满。
7 在蛋糕糊表面放上核桃。
8 放入预热至180℃的烤箱中，烘烤约20分钟，至表面上色即可。

烘焙妙招

香草精可以减少鸡蛋的腥气。

焗花生芝士蛋糕

烘焙：16分钟　难易度：★★☆

材料

蛋糕体：细砂糖85克，盐2克，低筋面粉100克，花生酱50克，泡打粉2克，可可粉6克，鲜奶45毫升，鸡蛋1个，无盐黄油（热融）35克；**装饰**：蛋黄1个，白砂糖5克，芝士粉5克，鲜奶20毫升，淡奶油40克，坚果适量

做法

1 细砂糖、鸡蛋、盐搅拌均匀。

2 45毫升鲜奶、无盐黄油、花生酱煮融拌匀，加入混合物中拌匀。

3 低筋面粉、泡打粉及可可粉筛入到混合物中，拌均匀。

4 面糊挤入到蛋糕纸杯中。

5 以上火170℃、下火160℃，烤约16分钟，冷却。

6 20毫升鲜奶倒入锅中煮开。

7 倒入打散的蛋黄液中，制成蛋黄浆。

8 淡奶油加细砂糖打发。

9 芝士粉倒入蛋黄浆中拌匀。

10 分两次倒入已打发的淡奶油中，搅拌均匀。

11 装入裱花袋，以螺旋状挤在已烤好的蛋糕体表面。

12 用坚果加以装饰即可。

烘焙妙招

若鲜奶、无盐黄油、花生酱的温度与室温一致，可无须隔水加热，搅拌均匀倒入即可。

黄油杯子蛋糕

烘焙：20分钟　难易度：★☆☆

材料

蛋糕糊：无盐黄油100克，细砂糖85克，盐1克，香草精2滴，朗姆酒5毫升，蛋液85克，低筋面粉35克，高筋面粉50克，泡打粉1克，淡奶油20克；

装饰：蛋清20克，糖粉150克

扫一扫学烘焙

做法

1. 将无盐黄油和细砂糖倒入搅拌盆中，搅打均匀，呈发白状态。
2. 倒入香草精，搅拌均匀。
3. 倒入盐及朗姆酒，搅拌均匀。
4. 分次倒入蛋液，搅拌均匀。
5. 把低筋面粉、高筋面粉和泡打粉筛入碗中，搅拌均匀。
6. 倒入淡奶油，搅拌均匀，制成蛋糕糊，装入裱花袋中。
7. 将蛋糕糊垂直挤入蛋糕纸杯至八分满。将烤箱预热至180℃，将蛋糕纸杯放入烤箱，烘烤约20分钟，烤好后，取出，放凉。
8. 将蛋清和150克糖粉倒入搅拌盆中，用电动搅拌器快速打发，装入裱花袋，挤在已放凉的蛋糕表面即可。

枫糖柚子小蛋糕

烘焙：25分钟　难易度：★☆☆

材料

蛋黄糊：蛋黄2个，细砂糖20克，色拉油10毫升，柚子蜜20克，枫糖浆10克，泡打粉1克，低筋面粉40克，水20毫升；**蛋白霜：**蛋清2个，细砂糖20克

扫一扫学烘焙

做法

1 在搅拌盆中倒入蛋黄和20克细砂糖，搅拌均匀。

2 倒入水及色拉油，搅拌均匀。

3 倒入枫糖浆，搅拌均匀。

4 筛入低筋面粉及泡打粉，搅拌均匀，制成蛋黄糊。

5 将蛋清和20克细砂糖放入一新的搅拌盆，快速打发，制成蛋白霜。

6 将1/3蛋白霜倒入蛋黄糊中，用橡皮刮刀轻轻搅拌均匀，再倒回至剩余的蛋白霜中，搅拌均匀，制成蛋糕糊。

7 将蛋糕糊装入裱花袋，垂直挤入蛋糕纸杯中，至八分满。

8 放入预热至170℃的烤箱中，烘烤约25分钟，烤好后，取出，放凉，在表面放上柚子蜜即可。

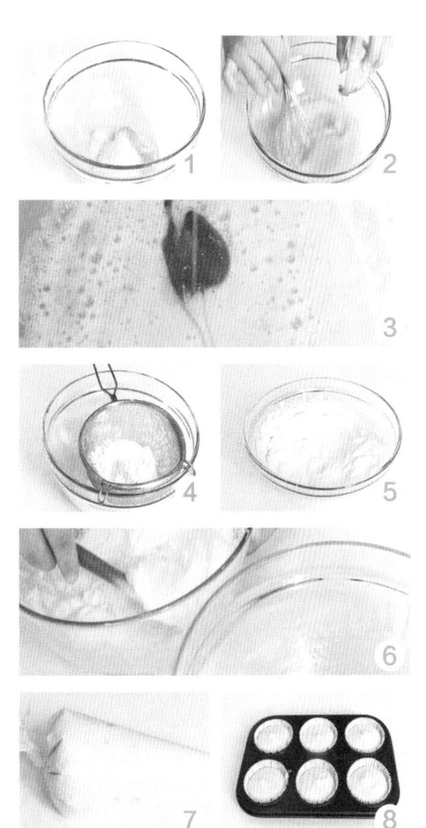

烘焙妙招

烤制的过程中尽量不要开烤箱门，以免影响蛋糕口味。

抹茶红豆杯子蛋糕

烘焙：13分钟 难易度：★★☆

扫一扫学烘焙

材料

蛋糕糊：无盐黄油100克，糖粉100克，玉米糖浆30克，鸡蛋2个，低筋面粉90克，杏仁粉20克，泡打粉2克，抹茶粉5克，红豆粒50克，淡奶油40克；**装饰**：无盐黄油180克，糖粉160克，牛奶15毫升，抹茶粉适量，红豆粒适量

做法

1. 将100克无盐黄油及100克糖粉放入搅拌盆中，搅拌均匀。
2. 分次倒入鸡蛋搅拌，倒入淡奶油，继续搅拌。
3. 倒入玉米糖浆及50克红豆粒，搅拌均匀。
4. 筛入低筋面粉、泡打粉、杏仁粉及5克抹茶粉，搅拌均匀，制成蛋糕糊，装入裱花袋。
5. 将蛋糕糊垂直挤入蛋糕纸杯中，放进预热至170℃的烤箱中烘烤约13分钟，取出放凉。
6. 将180克无盐黄油及160克糖粉倒入新的搅拌盆中，搅打至完全融合。
7. 筛入适量抹茶粉，继续搅拌。
8. 倒入牛奶，搅拌均匀，装入裱花袋，挤在蛋糕体上，再放上红豆粒装饰即可。

烘焙妙招

鸡蛋分两次放入盆中搅拌，可使面糊更细腻。

无花果蛋糕

烘焙：20分钟　难易度：★☆☆

材料

无盐黄油100克，细砂糖60克，黄糖40克，香草精2滴，盐少许，低筋面粉160克，泡打粉2克，牛奶70毫升，鸡蛋2个，无花果干80克

做法

1. 将无盐黄油、细砂糖及黄糖搅拌均匀，分次倒入鸡蛋、牛奶、盐、低筋面粉、泡打粉、香草精、无花果干，搅拌均匀，制成蛋糕糊，装入裱花袋中。
2. 将蛋糕糊垂直挤入蛋糕纸杯中。
3. 将蛋糕纸杯放入预热至180℃的烤箱，烘烤约20分钟至蛋糕表面呈金黄色即可。

甜蜜奶油杯子蛋糕

烘焙：20分钟　难易度：★★☆

材料

蛋糕糊：无盐黄油80克，细砂糖50克，炼奶80克，牛奶20毫升，鸡蛋2个，低筋面粉120克，泡打粉2克；**装饰**：无盐黄油100克，糖粉30克，彩色糖针适量

做法

1. 在80克无盐黄油、50克细砂糖，搅拌均匀，分次倒入鸡蛋、炼奶、牛奶、低筋面粉及泡打粉，搅拌均匀，制成蛋糕糊。
2. 将蛋糕糊装入裱花袋中，挤入纸杯，放进预热至175℃的烤箱中，烤约20分钟，取出。
3. 将100克无盐黄油和30克糖粉打发，装入裱花袋中，挤在蛋糕表面，撒上彩色糖针即可。

Part 4

别具一格的特色蛋糕

有些蛋糕外形特殊、背后还有不同的故事，口感、味道也与一般的蛋糕不同。

这章我们就来看一下这些别具特色的蛋糕，有兴趣的话，不妨再去查找一下这些蛋糕背后的故事，相信会有更多的收获。

朗姆糕

烘焙：20分钟　难易度：★★☆

材料

蛋糕体：低筋面粉180克，鸡蛋150克，温牛奶40毫升，细砂糖15克，酵母粉8克，无盐黄油40克；**朗姆酒糖浆**：细砂糖100克，清水30毫升，朗姆酒30毫升；**奶油霜**：淡奶油150克，细砂糖10克；**装饰**：可食用装饰银珠适量

做法

1 将细砂糖、清水倒入平底锅中，用中火加热，搅拌至细砂糖完全溶化。

2 倒入朗姆酒，继续搅拌至沸腾，制成朗姆酒糖浆。

3 将酵母粉倒入装有温牛奶的小玻璃碗中，用手动搅拌器搅拌均匀，制成酵母液。

4 将低筋面粉、15克细砂糖、酵母液、鸡蛋倒入大玻璃碗中。

5 将朗姆酒糖浆倒入大玻璃碗中，用橡皮刮刀翻拌成无干粉的面糊。

6 将无盐黄油装入碗中，再隔热水加热搅拌至融化。

7 将融化的无盐黄油倒入面糊碗中，用橡皮刮刀翻拌均匀，即成蛋糕糊。

8 取模具，用橡皮刮刀将蛋糕糊盛入模具中。

9 将模具放入已预热至30℃的烤箱中层，静置发酵30~40分钟，取出。

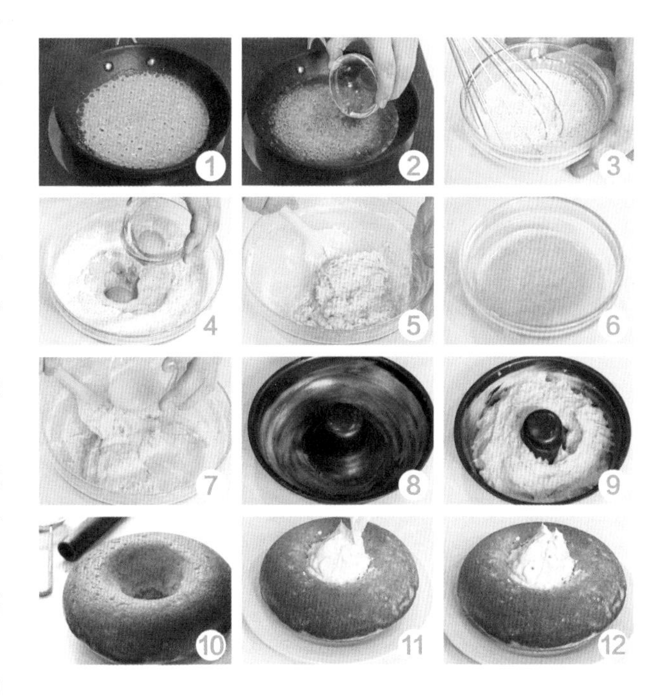

10 将模具放入已预热至180℃的烤箱中层，烘烤约20分钟，取出，淋上适量朗姆酒糖浆。

11 将淡奶油、细砂糖装入玻璃碗中，用电动搅拌器搅拌打发至六分成奶油霜，装在蛋糕中间。

12 再撒上可食用装饰银珠即可。

伯爵茶巧克力蛋糕

烘焙：15~18分钟　难易度：★★☆

材料

低筋面粉90克，杏仁粉60克，细砂糖90克，葡萄糖浆30克，盐0.5克，泡打粉2克，鸡蛋3个，无盐黄油130克，伯爵红茶包2包，朗姆酒10毫升，黑巧克力60克，防潮可可粉适量，防潮糖粉适量

做法

1 将鸡蛋、细砂糖、葡萄糖浆及盐搅拌均匀。
2 筛入低筋面粉、杏仁粉及泡打粉，搅拌均匀。
3 加入伯爵红茶粉末及朗姆酒，搅拌均匀。
4 无盐黄油隔水加热融化，取少量涂抹在模具内层。
5 剩余的无盐黄油倒入步骤3的混合物中搅拌均匀，制成蛋糕糊。
6 将蛋糕糊装入裱花袋，拧紧裱花袋口。
7 将蛋糕糊挤入模具中，至七分满即可。
8 放进预热至165℃的烤箱中，烘烤15~18分钟。
9 烤好后，取出蛋糕，放凉，脱模。
10 黑巧克力隔水加热融化，挤在蛋糕中间，再撒上防潮可可粉及防潮糖粉即可。

烘焙妙招

将蛋糕糊在模具中挤至七分满即可。

布朗尼

烘焙：15～20分钟　难易度：★☆☆

材料

巧克力110克，无盐黄油90克，鸡蛋2个，细砂糖70克，低筋面粉90克，可可粉30克，泡打粉2克，朗姆酒2毫升，杏仁50克

扫一扫学烘焙

做法

1 将杏仁切碎备用。
2 将巧克力和无盐黄油放入搅拌盆中，隔水加热融化，搅拌均匀。
3 倒入鸡蛋及朗姆酒，搅拌均匀。
4 倒入细砂糖，搅拌均匀。
5 筛入低筋面粉、可可粉及泡打粉，搅拌均匀，制成蛋糕糊。
6 将蛋糕糊倒入方形活底蛋糕模中，在表面撒上杏仁碎。
7 放进预热至180℃的烤箱中烘烤15～20分钟。
8 取出烤好的蛋糕，放凉，脱模，切块，摆盘即可。

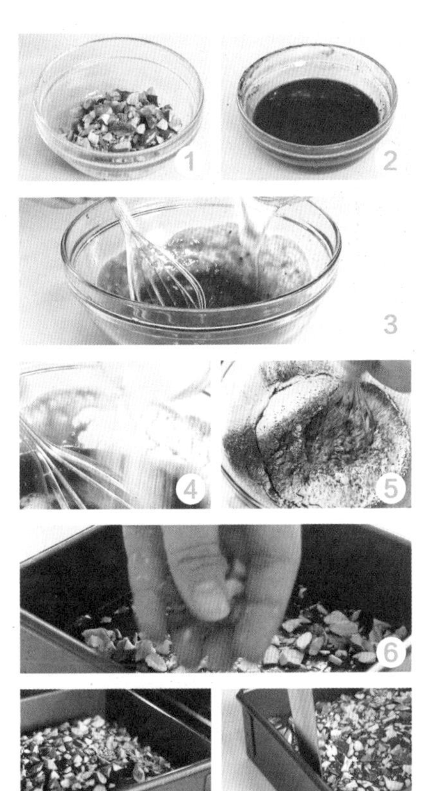

烘焙妙招

家用烤箱很多温度偏低，可以根据实际情况调整温度。

棉花糖布朗尼

烘焙：20分钟　难易度：★★☆

扫一扫学烘焙

材料

黑巧克力150克，无盐黄油150克，细砂糖65克，鸡蛋3个，低筋面粉100克，香草精适量，棉花糖70克，核桃仁50克

做法

1 无盐黄油和黑巧克力倒入搅拌盆中，隔水融化。
2 搅拌均匀，待用。
3 取一新的搅拌盆，倒入鸡蛋打散。
4 边搅拌边倒入细砂糖。
5 倒入香草精，搅拌均匀。
6 倒入融化的无盐黄油和黑巧克力，搅拌均匀。
7 筛入低筋面粉，搅拌至无颗粒状，制成巧克力色蛋糕糊。
8 倒入核桃仁，搅拌均匀。
9 倒入15厘米×15厘米活底方形蛋糕模。
10 在上面均匀摆放上棉花糖。
11 烤箱以上、下火180℃预热，放入蛋糕，烤20分钟，取出。
12 脱模，切分成三份即可。

烘焙妙招

黑巧克力可切碎后再隔水加热，可加速融化。

德式苹果蛋糕

烘焙：10分钟　难易度：★★☆

材料

松饼粉55克，鸡蛋1个，苹果1个，柠檬汁5毫升，牛奶50毫升，糖粉适量

做法

1. 将苹果去芯，切成薄片，倒入柠檬汁，防止苹果氧化变色。
2. 将鸡蛋倒入搅拌盆中，打散，倒入牛奶、松饼粉，搅拌成蛋糕糊，倒入模具中抹平。
3. 将苹果片整齐放在蛋糕糊表面，再用勺子浇上一些蛋液。
4. 放入预热至180℃的烤箱中，烘烤约10分钟，取出，脱模，在表面撒上糖粉即可。

经典熔岩蛋糕

烘焙：7～8分钟　难易度：★☆☆

材料

蛋黄12个，全蛋4个，细砂糖125克，低筋面粉120克

做法

1. 烤箱以上火220℃、下火180℃预热。
2. 将全蛋、细砂糖、蛋黄倒入玻璃碗中，用电动搅拌器打发约15分钟，加入低筋面粉，翻拌均匀，把面糊倒入装有烘焙纸的蛋糕模具中。
3. 放进预热好的烤箱中烘烤7～8分钟，取出烤好的蛋糕装盘即可。

烘焙妙招

巧克力软心不可注入太多，包裹边缘的蛋糕体挤厚一些，防止爆浆。蛋糕烤好后最好放置30秒再脱模，否则容易裂开。

巧克力心太软

烘焙：16分钟　难易度：★★☆

材料

巧克力软心：64%黑巧克力60克，无盐黄油20克，淡奶油30克，鲜奶40毫升，朗姆酒5毫升；**蛋糕体**：64%黑巧克力90克，无盐黄油85克，白砂糖20克，鸡蛋1个，低筋面粉70克，泡打粉2克；**装饰**：糖粉适量

做法

1 黑巧克力隔水融化，倒入室温软化的无盐黄油。
2 搅拌均匀至两者完全融合。
3 倒入鲜奶搅拌均匀。
4 加入淡奶油、朗姆酒拌匀，即成巧克力软心，装入裱花袋。
5 面粉、泡打粉、白砂糖混合。
6 倒入无盐黄油，搅拌均匀。
7 打入鸡蛋搅匀。
8 倒入隔水融化的黑巧克力酱，拌成蛋糕糊，装入裱花袋。
9 蛋糕糊挤在模具底部和四周。
10 蛋糕中间挤上巧克力软心。
11 再挤上巧克力蛋糕糊封口。
12 烤箱以上、下火160℃预热，放入模具，烤16分钟，取出撒上糖粉装饰即可。

海绵小西饼

烘焙：8~12分钟　难易度：★★☆

材料

蛋黄面糊：蛋黄25克，细砂糖5克，色拉油10毫升，牛奶10毫升，朗姆酒1毫升，低筋面粉20克；**蛋白霜：**蛋白25克，柠檬汁1毫升，细砂糖15克；**奶油馅：**黄油30克，细砂糖10克，朗姆酒1毫升

做法

1 将牛奶、色拉油倒入玻璃碗中搅拌均匀，再将朗姆酒倒入继续搅拌，加入蛋黄、细砂糖拌匀。

2 加入低筋面粉，搅拌成无粉粒的蛋黄面糊。

3 另置一玻璃碗，倒入蛋白和细砂糖，搅打均匀，倒入柠檬汁，搅打均匀，制成蛋白霜。

4 将蛋白霜分2次倒入面糊中，由下而上翻拌均匀。

5 将混合完成的面糊装入裱花袋中。

6 取烤盘，铺上油纸，再挤出圆形面糊。

7 将烤盘放入以上火180℃、下火160℃预热好的烤箱中，烘烤8~12分钟至饼干表面呈现黄色。

8 把黄油和细砂糖倒入玻璃碗中，拌匀。

9 加入朗姆酒继续搅拌均匀后制成奶油馅。

10 将奶油馅挤在两片烤好的饼干中间夹起来即可。

烘焙妙招

如果没有朗姆酒，可以用白兰地代替。

蔓越莓天使蛋糕

烘焙：60分钟　难易度：★☆☆

材料

原味酸奶120克，植物油40毫升，香草精2克，低筋面粉95克，蛋白100克，细砂糖75克，蔓越莓干60克

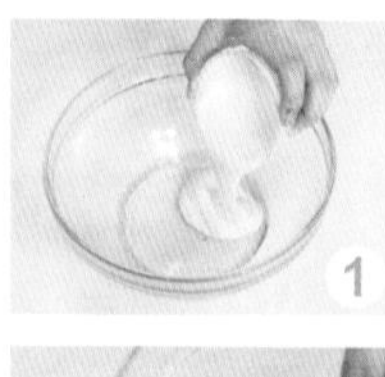

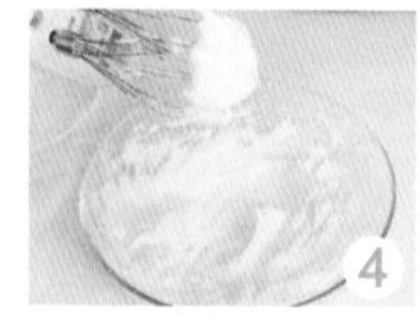
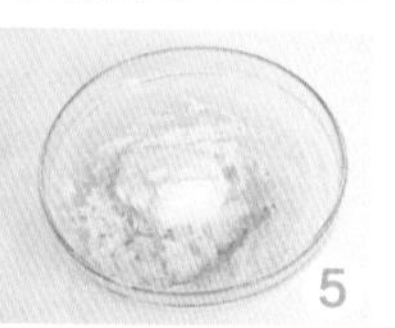

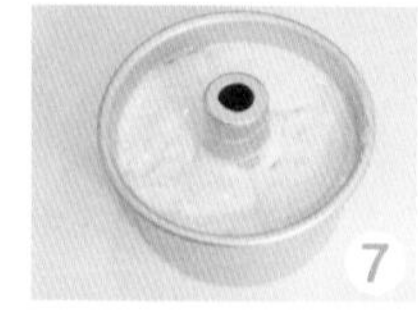
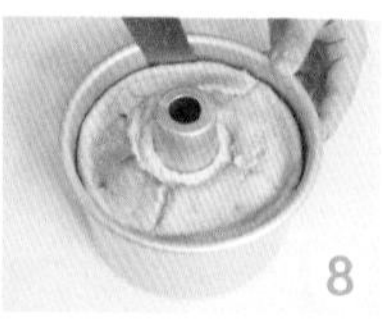

做法

1 将植物油及原味酸奶倒入搅拌盆中，搅拌均匀。
2 筛入低筋面粉，搅拌均匀。
3 倒入香草精，搅拌均匀。
4 取一新的搅拌盆，倒入蛋白及细砂糖，用电动搅拌器快速打发，至可提起鹰嘴状，制成蛋白霜。
5 将蛋白霜加入步骤3的混合物中，搅拌均匀。
6 加入蔓越莓干，搅拌均匀，制成蛋糕糊。
7 将蛋糕糊倒入中空咕咕霍夫模具中，震动几下。
8 放入预热至160℃的烤箱中，烘烤约60分钟，取出放凉，用抹刀分离蛋糕与模具边缘，脱模即可。

烘焙妙招

分3次将蛋白霜加入面糊中，可使蛋糕更细腻。

红枣蜂巢蛋糕

烘焙：18分钟　难易度：★☆☆

材料

红枣酱50克，玉米油30毫升，炼乳40克，低筋面粉40克，全蛋（1个）53克，红糖30克，苏打粉2.5克

做法

1 将红糖、红枣酱搅拌均匀，待用。
2 将全蛋打入另一个玻璃碗中，倒入炼乳、玉米油，搅拌均匀，筛入低筋面粉、苏打粉过，搅拌至无干粉的状态，再倒入红枣酱，彻底搅拌均匀，即成蛋糕糊。
3 盖上保鲜膜，静置15分钟。
4 取蛋糕模具，倒入蛋糕糊，再轻震几下。
5 将烤盘放入已预热至200℃的烤箱中，烘烤约18分钟，取出，倒置放凉至室温。

糯米蛋糕

烘焙：60分钟　难易度：★★☆

材料

蔓越莓干30克，核桃30克，杏仁30克，鸡蛋1个，细砂糖65克，盐1克，糯米粉300克，泡打粉1克，牛奶230毫升，淡奶油50克，杏仁片10克

做法

1 将鸡蛋及盐倒入搅拌盆中，搅拌均匀，倒入细砂糖，搅拌均匀，倒入淡奶油及牛奶，搅拌均匀。
2 筛入糯米粉及泡打粉，搅拌均匀，倒入核桃、蔓越莓干，搅拌均匀，制成蛋糕糊，倒入模具中，抹平，放上杏仁和杏仁片。
3 放进预热至170℃的烤箱中，烘烤约60分钟，烤好后取出放凉，脱模即可。

可露丽

烘焙：60分钟　难易度：★★☆

材料

牛奶250毫升，鸡蛋1个，蛋黄1个，低筋面粉50克，香草精适量，细砂糖40克，朗姆酒5毫升，无盐黄油20克

扫一扫学烘焙

做法

1 将牛奶及香草精倒入小锅中，煮沸，备用。
2 将鸡蛋、蛋黄及细砂糖倒入搅拌盆中，搅拌均匀。
3 筛入低筋面粉，搅拌均匀。
4 将无盐黄油隔水加热融化，倒入步骤3的混合物中，搅拌均匀。
5 倒入朗姆酒，搅拌均匀。
6 倒入步骤1中的牛奶混合物，搅拌均匀，制成蛋糕糊，放入冰箱冷藏24小时。
7 取出冷藏好的蛋糕糊，倒入可露丽模具中。
8 放进预热至190℃的烤箱中，烘烤约60分钟即可。

烘焙妙招

低筋面粉过筛后再加入到制作过程中，可使蛋糕口感更细腻。

萨瓦琳

烘焙：20分钟　难易度：★☆☆

材料

蛋糕糊：无盐黄油105克，低筋面粉90克，糖粉75克，粟粉5克，杏仁粉15克，蛋黄液35克，牛奶20毫升，香草精适量，巧克力15克；**巧克力酱**：淡奶油75克，苦甜巧克力90克，镜面果胶15克

扫一扫学烘焙

做法

1 在搅拌盆中倒入无盐黄油及糖粉，搅拌均匀。

2 筛入粟粉、杏仁粉及低筋面粉，搅拌均匀。

3 倒入蛋黄液，搅拌均匀。

4 倒入牛奶及香草精，搅拌均匀。

5 将巧克力切碎，倒入步骤4的混合物中，搅拌均匀，装入裱花袋，挤入蛋糕模具中，放入预热至180℃的烤箱中，烘烤约20分钟。

6 取一新的搅拌盆，倒入苦甜巧克力及淡奶油，隔水加热融化，加入镜面果胶，搅拌均匀，装入裱花袋，备用。

7 取出烤好的蛋糕，放凉，脱模。

8 在蛋糕中间挤上步骤6中的巧克力酱即可。

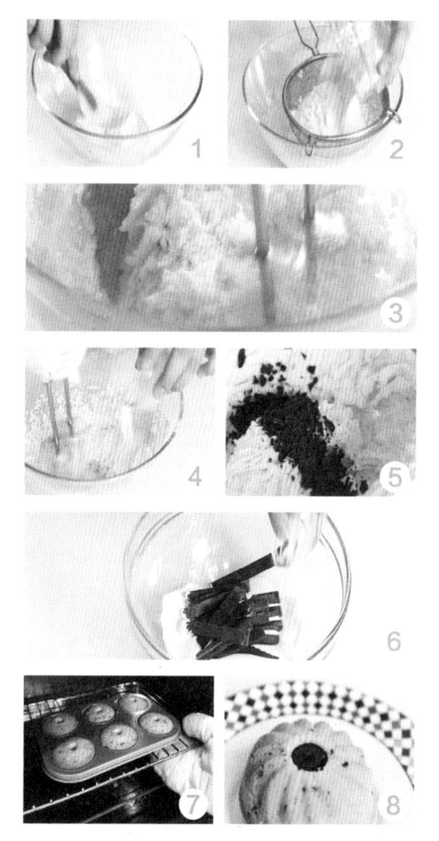

烘焙妙招

若是开封较久的糖粉，需过筛后再加入到制作过程中。

波士顿蛋糕

烘焙：35~40分钟　难易度：★★☆

材料

蛋糕体：低筋面粉100克，蛋黄（3个）52克，蛋白（3个）105克，细砂糖140克，盐2克，牛奶50毫升，食用油52毫升，泡打粉2克，苏打粉2克，塔塔粉0.5克；**奶油糊**：淡奶油500克，草莓果酱30克；**装饰**：防潮糖粉适量

做法

1 将蛋黄搅散后倒入大玻璃碗中，倒入78克细砂糖，用手动打蛋器搅拌均匀。

2 倒入盐，搅拌均匀，加入牛奶，搅拌均匀，倒入食用油，搅拌均匀。

3 将低筋面粉、泡打粉、苏打粉筛至碗中，用手动打蛋器搅拌成糊状，即成蛋黄糊。

4 将蛋白、塔塔粉、62克细砂糖倒入干净的大玻璃碗中，用电动打蛋器搅打至不易滴落的状态，即成蛋白糊。

5 取一半蛋白糊，倒入蛋黄糊中，用橡皮刮刀搅拌均匀。

6 倒回至装有剩余蛋白糊的大玻璃碗中，用橡皮刮刀翻拌均匀，即成蛋糕糊。

7 取派盘，倒入蛋糕糊，放入已预热至180℃的烤箱中层，烘烤35~40分钟，取出。

8 将淡奶油装入大玻璃碗中，用电动打蛋器搅打至不易滴落的状态，即原味奶油糊。

9 将一半淡奶油糊装入另一个干净的玻璃碗中，加入草莓果酱，搅拌均匀，制成草莓奶油糊。

10 蛋糕脱模后放在转盘上，用齿刀将其切成两片。

11 用抹刀将适量原味奶油糊均匀地涂抹在蛋糕切面上，涂抹上一层草莓奶油糊。

12 再均匀地涂抹上一层原味奶油糊，盖上另一片蛋糕，表面均匀地筛上一层防潮糖粉即可。

费南雪

烘焙：15分钟　难易度：★☆☆

材料

有盐黄油55克，无盐黄油55克，杏仁粉90克，低筋面粉60克，糖粉120克，蛋清112克，蜂蜜10克，香草精适量

做法

1 将有盐黄油及无盐黄油加热至融化，筛入60克糖粉、低筋面粉及杏仁粉拌匀。
2 将蛋清和60克糖粉打发，制成蛋白霜。
3 将蛋白霜倒入步骤1的混合物中搅拌均匀，倒入香草精及蜂蜜，拌成蛋糕糊。
4 将蛋糕糊装入裱花袋，挤入模具中。
5 放进预热至190℃的烤箱中，烘烤约15分钟，至表面上色即可。

抹茶玛德琳蛋糕

烘焙：20分钟　难易度：★☆☆

材料

芥花籽油40毫升，蜂蜜50克，清水120毫升，柠檬汁8毫升，低筋面粉128克，抹茶粉5克，泡打粉2克

做法

1 将芥花籽油、蜂蜜、清水搅拌均匀，倒入柠檬汁、低筋面粉、抹茶粉、泡打粉，搅拌成蛋糕糊，装入裱花袋中。
2 取玛德琳模具，挤入蛋糕糊。
3 将玛德琳模具放入已预热至180℃的烤箱中，烤约20分钟。
4 取出烤好的蛋糕，放凉，脱模即可。

红枣玛德琳蛋糕

烘焙：10分钟　难易度：★☆☆

材料

蜂蜜50克，芥花籽油40毫升，红枣汁100毫升，盐1克，低筋面粉70克，可可粉8克，泡打粉1克

做法

1 将蜂蜜、芥花籽油倒入搅拌盆中，用手动搅拌器搅拌均匀。
2 倒入红枣汁，边倒边搅拌均匀。
3 倒入盐，搅拌均匀。
4 将低筋面粉、可可粉、泡打粉过筛至盆中，搅拌成无干粉的蛋糕糊。
5 将蛋糕糊装入裱花袋中。
6 用剪刀在裱花袋尖端处剪一个小口，取蛋糕模具，挤入蛋糕糊至满。
7 轻轻震几下，使蛋糕糊更加平整。
8 将蛋糕模具放入已预热至180℃的烤箱中层，烤约10分钟即可。

烘焙妙招

使用手动搅拌器搅拌即可，不需要用电动搅拌器。

玛德琳蛋糕

烘焙：16分钟　难易度：★★☆

材料

无盐黄油100克，低筋面粉100克，泡打粉3克，鸡蛋2个，细砂糖60克，柠檬1颗

做法

1 在搅拌盆内打入鸡蛋。

2 加入细砂糖，用电动搅拌器搅拌均匀。

3 加入室温软化的无盐黄油（留少许），搅打均匀。

4 削取一个柠檬的柠檬皮（注意不要削太厚），将柠檬皮切成末状，倒入搅拌盆。

5 筛入低筋面粉和泡打粉，搅拌至无颗粒面糊状。

6 在玛德琳模具表面刷上一层无盐黄油。

7 用裱花袋将面糊垂直挤入玛德琳模具中。

8 烤箱以上火170℃、下火160℃预热，蛋糕放入烤箱中层，烤10分钟，将烤盘转向，再烤约6分钟即可。

烘焙妙招

冷藏的鸡蛋要放在室温下3小时后再使用。

多瑙河之波蛋糕

烘焙：40～45分钟；冷藏：2.5小时　难易度：★★★

材料

蛋糕体：低筋面粉180克，全蛋（3个）155克，牛奶20毫升，可可粉10克，无盐黄油120克，糖粉50克，盐1克，泡打粉4克，香草精1毫升，罐头樱桃100克；**黄油布丁液：**牛奶200毫升，糖粉5克，寒天粉10克，无盐黄油20克，香草精1.5毫升；**巧克力涂层：**黑巧克力200克，橄榄油15毫升；**表面装饰：**巧克力甘纳许适量，防潮糖粉少许

做法

1 蛋糕体材料中的无盐黄油分多次加入糖粉，用电动搅拌器搅打至呈乳黄色。

2 分3次倒入全蛋打至混合。

3 倒入盐、香草精搅打均匀。

4 将低筋面粉、泡打粉过筛至碗中，用橡皮刮刀翻拌至无干粉，即成原味面糊。

5 将可可粉倒入牛奶中，搅拌均匀，即成咖啡牛奶液。

6 取一半原味面糊装入另一碗中，倒入咖啡牛奶液，混合均匀，制成可可面糊。

7 取蛋糕模，倒入原味面糊抹匀，再倒入可可面糊抹匀。

8 将罐头樱桃铺在面糊表面，轻轻按进面糊里面，抹平整，放入已预热至180℃的烤箱中层，烘烤40～45分钟。

9 将牛奶、糖粉、寒天粉边加热边搅拌至混合均匀。

10 倒入香草精，混合均匀，盛出。

11 倒入融化的无盐黄油，再搅拌均匀，即成黄油布丁液。

12 取出蛋糕，淋上黄油布丁液，冷藏约2个小时，取出。

13 将切碎的巧克力隔水加热融化，倒入橄榄油，拌均匀。

14 淋在冷藏好的蛋糕上，再冷藏约30分钟，取出切块。

15 将巧克力甘纳许装入裱花袋里，来回挤在巧克力涂层上，再筛上少许防潮糖粉即可。

维也纳巧克力杏仁蛋糕

烘焙：30分钟 难易度：★★☆

材料

低筋面粉38克，纯巧克力38克，牛奶30毫升，无盐黄油38克，朗姆酒2毫升，蛋黄（3个）46克，蛋白（3个）106克，细砂糖40克，杏仁片、打发的淡奶油、草莓块各适量

做法

1 将巧克力、牛奶隔热水融化，倒入无盐黄油，拌至融化，倒入蛋黄中，倒入朗姆酒、低筋面粉拌成无干粉的糊状。

2 蛋白、细砂糖打发，倒入蛋黄糊中拌匀，倒入蛋糕模，撒上杏仁片，放入已预热至180℃的烤箱中，烤约30分钟，取出，切片。

3 将蛋糕抹上打发的淡奶油，放上草莓块，重复两次即可。

咕咕霍夫

烘焙：21分钟 难易度：★★☆

材料

低筋面粉70克，杏仁粉40克，全蛋（1个）53克，牛奶60毫升，无盐黄油50克，糖粉70克，泡打粉1克，大杏仁适量，果脯适量

做法

1 将无盐黄油打发，分2次倒入糖粉、全蛋，搅打至混合均匀，筛入低筋面粉、杏仁粉、泡打粉拌匀，分3次倒入牛奶、果脯拌匀，即成蛋糕糊，装入裱花袋。

2 取模具，放入大杏仁，均匀地挤上蛋糕糊，轻震几下使其表面更平整。

3 将模具放入已预热至180℃的烤箱中层，烘烤约21分钟，取出脱模即可。

舒芙蕾

烘焙：30分钟　难易度：★★☆

材料

蛋黄糊：蛋黄3个，细砂糖30克，低筋面粉30克，牛奶190毫升，香草荚2克，无盐黄油10克，柠檬皮1个；**蛋白霜**：蛋白3个，细砂糖25克

扫一扫学烘焙

做法

1 将蛋黄和30克细砂糖搅拌均匀。
2 筛入低筋面粉，搅拌均匀。
3 将奶锅放在电磁炉上，倒入牛奶，开小火，把剪碎的香草荚加入牛奶中，煮至沸腾。
4 将煮好的牛奶分三次倒入步骤2的混合物中，搅拌均匀。
5 将步骤4中的混合物倒入钢盆中，边加热边搅拌，至浓稠状态。
6 倒入无盐黄油及柠檬皮碎，搅拌均匀，制成蛋黄糊。
7 将蛋白和25克细砂糖倒入另一个搅拌盆中，用电动搅拌器打发，制成蛋白霜。
8 将1/3蛋白霜倒入蛋黄糊中，搅拌均匀，再倒回至剩余的蛋白霜中，搅拌均匀，制成蛋糕糊，装入裱花袋中，拧紧袋口。
9 将蛋糕糊挤入陶瓷杯中至七分满，放在烤盘上，在烤盘中倒入热水，放进预热至190℃的烤箱中，烘烤约30分钟即可。

巧克力舒芙蕾

烘焙：12分钟　难易度：★★☆

材料

鸡蛋3个，巧克力100克，无盐黄油40克，细砂糖50克，低筋面粉50克，糖粉适量

做法

1 在杯子内侧抹上少许液态的无盐黄油，撒上适量糖粉，将巧克力切块。
2 将巧克力装入玻璃碗中，放入无盐黄油。
3 隔水加热，搅拌至融化，备用。
4 将鸡蛋打入另一玻璃碗中，放入细砂糖。
5 用电动搅拌器搅打至发起。
6 倒入融化好的巧克力，边倒边搅打均匀。
7 筛入低筋面粉，用手动搅拌器搅拌至光滑。
8 将面糊装入裱花袋中，再挤入杯中，放在烤盘上。
9 将烤盘放入预热好的烤箱里，以上、下火200℃烤约12分钟，取出。
10 筛上适量糖粉点缀即可。

烘焙妙招

制作后须在20分钟内食用完毕，否则冷却后，表皮会迅速塌陷，影响美观和味道。

推推乐

烘焙：50分钟　难易度：★★★

材料

鸡蛋5个，低筋面粉90克，细砂糖66克，玉米油46毫升，柠檬汁3毫升，淡奶油250克，水46毫升，糖粉10克，水果（猕猴桃、草莓、芒果等）适量

做法

1 将鸡蛋蛋白和蛋黄分离后，将蛋白放到冰箱冷藏。
2 将低筋面粉过筛两遍。
3 在蛋黄里加入26克细砂糖搅匀，加入玉米油、水拌匀。
4 加入低筋面粉拌匀。
5 将蛋白打发至发泡时滴入柠檬汁，分3次加入40克细砂糖，打至硬性发泡。
6 取1/3蛋白加入蛋黄糊里拌匀。
7 再倒回剩下的蛋白中拌匀。
8 面糊倒入模具中，放入预热至150℃的烤箱中，烤50分钟。
9 烤好后取出戚风蛋糕，将其倒扣脱模。
10 待戚风蛋糕冷却，用锯齿刀把戚风蛋糕横切成片。
11 将淡奶油加入糖粉打发，装入裱花袋。
12 用推推乐模具在切好的蛋糕片上印出蛋糕圆片。
13 猕猴桃、草莓、芒果切块。
14 按一层蛋糕片、一层奶油、一层水果填入模具中即可。

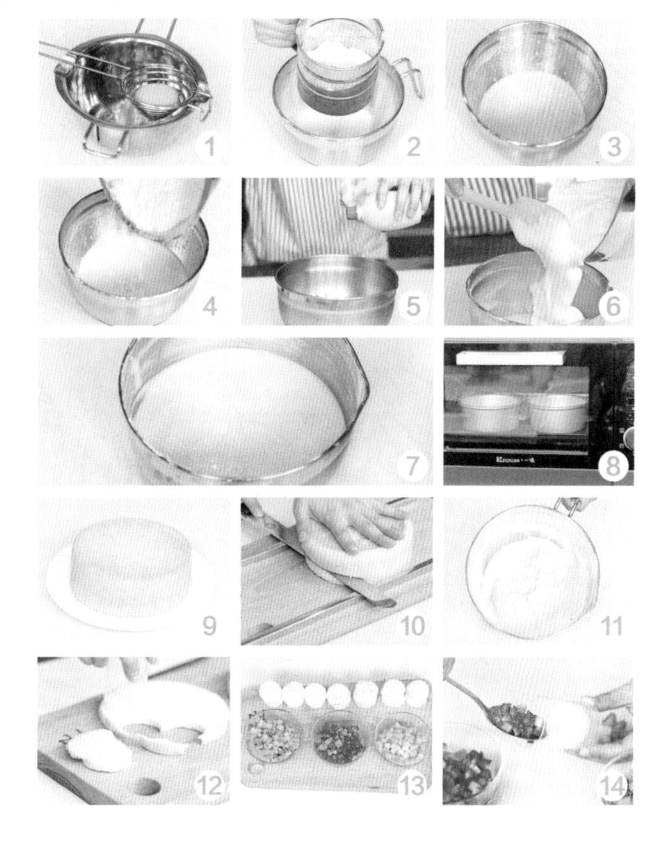

烘焙妙招

做好后最好放入冰箱冷藏，防止鲜果变质。

斑马纹蛋糕

烘焙：35分钟　难易度：★★☆

材料

蛋糕糊：鸡蛋3个，细砂糖100克，低筋面粉150克，无盐黄油150克，可可粉7克；**装饰：**淡奶油100克，黑巧克力100克

扫一扫学烘焙

做法

1 取一大盆，倒入热水，将搅拌盆放入其中，在搅拌盆中倒入鸡蛋和细砂糖，用电动搅拌器打至发白。

2 将150克无盐黄油隔水加热融化，倒入步骤1的混合物中，搅拌均匀。

3 筛入低筋面粉，搅拌均匀，平均分成两份，将其中一份装入裱花袋。

4 在剩余的一份中筛入可可粉，搅拌均匀，装入裱花袋。

5 在直径15厘米的活底蛋糕模中先挤入白色蛋糕糊，再从模具的中心处开始挤入可可蛋糕糊，此做法重复约3次，将两种蛋糕糊全部挤入。

6 放入预热至170℃的烤箱中烘烤约35分钟，取出放凉，脱模。

7 将淡奶油倒入小锅中煮滚，倒入装黑巧克力的玻璃碗中，搅拌至黑巧克力完全融化。

8 将步骤7制成的混合物抹在烤好的蛋糕体表面，用抹刀划出纹路即可。

烘焙妙招

千层蛋糕中的芒果也可以用榴梿代替。

芒果千层蛋糕

煎制：10分钟；冷藏：30分钟　难易度：★★☆

材料

面糊：低筋面粉100克，牛奶250毫升，鸡蛋2个，细砂糖30克，无盐黄油30克；**奶油夹馅：**淡奶油250克，糖粉10克，芒果180克，吉利丁片8克

做法

1 将鸡蛋、细砂糖拌至溶化。

2 筛入低筋面粉，搅拌均匀。

3 倒入融化的无盐黄油、牛奶，搅拌成面糊，过筛。

4 平底锅中倒入适量面糊，小火煎至定型，即成面皮。

5 将面皮用油纸盖住，晾凉。

6 将芒果去皮后削成片。

7 将吉利丁片浸水泡软后沥干水分，隔热水搅拌至融化，倒入部分淡奶油，拌均匀。

8 将剩余淡奶油打发至九分。

9 将吉利丁液倒入打发的淡奶油中，继续搅打一会儿。

10 将混合均匀的打发淡奶油抹在面皮上。

11 放上一层芒果片，抹上一层打发淡奶油，铺上一片面皮，涂上一层打发淡奶油，铺上一层芒果片。

12 按照相同的顺序重复上一步骤，冷藏约30分钟即可。

北海道戚风蛋糕

烘焙：15分钟　难易度：★☆☆

材料

低筋面粉85克，泡打粉2克，细砂糖145克，色拉油40毫升，蛋黄75克，牛奶180毫升，蛋白150克，塔塔粉2克，鸡蛋1个，玉米淀粉7克，淡奶油100克，黄油50克

做法

1 将25克细砂糖、蛋黄倒入玻璃碗中，拌匀，加入75克低筋面粉、泡打粉，拌匀，倒入30毫升牛奶、色拉油，拌匀。

2 另准备一个玻璃碗，加入90克细砂糖、蛋白、塔塔粉，用电动搅拌器拌匀之后，将食材刮入步骤1的玻璃碗中，搅拌均匀。

3 再备一个玻璃碗，倒入鸡蛋、30克细砂糖，打发起泡，加入10克低筋面粉、玉米淀粉、黄油、淡奶油、150毫升牛奶，拌匀制成馅料，待用。

4 将拌好的食材刮入蛋糕纸杯中，约至六分满。

5 将蛋糕纸杯放入烤盘中，再将烤盘放入烤箱。

6 关上烤箱门，以上火180℃、下火160℃烤约15分钟至熟，取出烤盘。

7 将拌好的馅料装入裱花袋中，压匀后用剪刀剪去约1厘米。

8 把馅料挤在蛋糕表面，装盘即可。

烘焙妙招

将蛋糕体碎捏成圆球状时，需稍用力捏紧，否则在插入棒棒糖棍子时容易散开。将蛋糕体撕小块一些也有助于蛋糕球成团。

蛋糕球棒棒糖

烘焙：15分钟　难易度：★★★

材料

蛋白霜：蛋白3个，细砂糖30克；**蛋糕体**：植物油18毫升，蛋黄3个，细砂糖12克，鲜奶30毫升，低筋面粉54克，奶油芝士36克；**装饰**：黑巧克力、花生碎、彩色糖果、棒棒糖棍子各适量

做法

1 鲜奶、植物油、细砂糖、低筋面粉搅拌均匀。
2 加入蛋黄，搅打均匀。
3 蛋白加细砂糖，打发成蛋白霜。
4 将三分之一蛋白霜加入到蛋黄混合物中，搅拌均匀。
5 倒回剩余的蛋白霜中，拌匀。
6 倒入烤盘中，抹平。
7 烤箱以上、下火160℃预热，蛋糕放入烤箱，烤约15分钟。
8 取出，脱模，捏碎。
9 放入奶油芝士，揉至呈面团状。
10 分成数个25克蛋糕球，插上棒棒糖棍子，冷藏定型。
11 黑巧克力隔水加热成巧克力酱。
12 将蛋糕球蘸取巧克力，撒上花生碎、彩色糖果即可。

小黄人翻糖杯子蛋糕

烘焙：20分钟　难易度：★★★

材料

蛋糕体：鸡蛋液50克，细砂糖65克，植物油50克，牛奶40毫升，低筋面粉80克，盐1克，泡打粉1克；**装饰**：巧克力适量，翻糖膏适量，黄色色素适量

做法

1 鸡蛋液与细砂糖搅拌均匀。
2 加盐、牛奶、植物油搅拌。
3 筛入低筋面粉及泡打粉，搅拌均匀，制成淡黄色蛋糕糊。
4 装入裱花袋，挤入纸杯中。
5 烤箱以上、下火170℃预热，放入蛋糕，烤约20分钟，冷却后，切去高于纸杯的蛋糕体。
6 翻糖膏加入黄色色素揉匀。
7 擀平，用纸杯印出圆形，剪下。
8 放在蛋糕体上作为皮肤。
9 取新的翻糖膏，用圆形裱花嘴印出小圆形，作为眼白。
10 用大的裱花嘴在黄色翻糖上印出眼睛的外圈。
11 将白色翻糖膏套入黄色圈圈中，作为小黄人的眼睛。
12 将巧克力装入裱花袋中，画出小黄人的眼珠、嘴巴和眼镜框即可。

烘焙妙招

眼睛和嘴巴也可用翻糖膏加入黑色色素制成。

猫头鹰杯子蛋糕

烘焙：20分钟　难易度：★★★

材料

低筋面粉105克，泡打粉3克，无盐黄油80克，细砂糖70克，盐2克，蛋液50克，酸奶85克，黑巧克力100克，奥利奥饼干6块，巧克力豆适量

做法

1 将无盐黄油打散，加入细砂糖和盐打至发白。

2 加入蛋液，搅拌均匀，倒入酸奶，拌匀。

3 筛入低筋面粉及泡打粉，拌成蛋糕面糊。

4 装入裱花袋，拧紧裱花袋口。

5 以画圈的方式将蛋糕面糊挤入纸杯至八分满。

6 烤箱以上、下火170℃预热，蛋糕放入烤箱，烤约20分钟。

7 取出，在表面均匀抹上煮融的黑巧克力酱。

8 将每块奥利奥饼干分开，取夹心完整的那一片作为猫头鹰的眼睛。

9 用巧克力豆作为猫头鹰的眼珠及鼻子。

10 将剩余的奥利奥饼干从边缘切取适当大小，作为猫头鹰的眉毛即可。

烘焙妙招

装饰要趁表面巧克力未干时进行。

奶油狮子造型蛋糕

烘焙：20分钟　难易度：★★★

材料

蛋糕体：中筋面粉120克，泡打粉3克，豆浆125毫升，细砂糖70克，盐2克，植物油35毫升，鸡蛋1个；**装饰**：淡奶油150克，细砂糖20克，黄色色素适量，黑色色素适量

做法

1 将植物油与豆浆搅拌均匀，加入细砂糖、盐，继续拌匀。

2 筛入中筋面粉及泡打粉，搅拌均匀。

3 打入鸡蛋拌匀，即成蛋糕糊。

4 装入裱花袋中，拧紧裱花袋口。

5 将面糊挤入蛋糕纸杯。

6 烤箱以上、下火170℃预热，蛋糕放入烤箱，烤20分钟。

7 淡奶油加入20克细砂糖打发。

8 分成三份，其中二份分别滴入黄色色素和黑色色素，拌匀，装入裱花袋。

9 用竹签插入蛋糕体中间，若拔出无黏着，则蛋糕糊已烤好。

10 取出蛋糕体，将黄色奶油挤在蛋糕四周呈圈状，作为狮子的毛发。

11 用白色奶油在中间挤上狮子鼻子两旁的装饰。

12 最后用黑色奶油挤上眼睛和鼻子即可。

烘焙妙招

挤奶油的时候要注意力度均匀，补足留出来的细缝。

原味马卡龙

烘焙：8分钟　难易度：★★☆

材料

杏仁粉60克，糖粉125克，蛋白50克，打发的淡奶油30克

扫一扫学烘焙

做法

1 将杏仁粉和105克糖粉倒入玻璃碗中混合，用搅拌器打成细腻的粉末。

2 倒入20克蛋白，用长柄刮刀反复搅拌，使得杏仁糖粉和蛋白完全混合，如果其中有颗粒的话，可以用刮板反复压几下，直到其中的混合物变得细腻。

3 另置一玻璃碗，倒入30克蛋白和20克糖粉，用电动搅拌器打发至可以拉出直立的尖角。

4 将打好的蛋白加入到杏仁糊中搅拌均匀，使其变得浓稠，每一次翻拌都要迅速地从下往上翻拌，不要画圈搅拌。

5 将面糊装入裱花袋，挤到铺有烘焙纸的烤盘上，慢慢摊开，在通风处放置20分钟至有硬壳。

6 将烤盘放入预热好的烤箱中，烘烤约8分钟。

7 打发淡奶油。

8 将烤好的面饼放到一边待其冷却。

9 把打发好的淡奶油放入裱花袋中，然后将其挤在两片面饼中间，将面饼捏起来即可。

提拉米苏

冷藏：40分钟 难易度：★★☆

材料

蛋糕数片；**芝士糊**：蛋黄2个，蜂蜜30克，细砂糖30克，芝士250克，动物性淡奶油120克；**咖啡酒糖液**：咖啡粉5克，水100毫升，细砂糖30克，朗姆酒35毫升；**装饰**：水果适量，可可粉适量

做法

1 在玻璃碗中将芝士打散后，加入细砂糖拌均匀。
2 加入蛋黄搅拌均匀，然后加入加热好的蜂蜜，用搅拌器搅拌均匀。
3 用电动搅拌器打发动物性淡奶油，打发好后加入芝士糊中，用长柄刮刀将其搅拌均匀。
4 把水烧开，然后加入咖啡粉拌匀。
5 倒入细砂糖和朗姆酒搅拌均匀。
6 蛋糕杯底放上蘸了咖啡酒糖液的蛋糕，用裱花袋把芝士糊挤入杯中约三分满。
7 再加入蛋糕，然后倒入剩下的芝士糊约八分满，完成后移入冰箱冷冻半小时以上。
8 取出，筛上可可粉，用水果装饰即可。

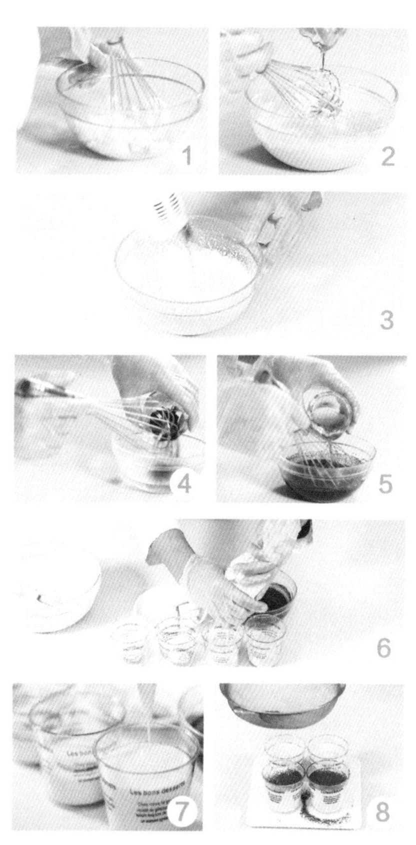

烘焙妙招

蘸了咖啡酒糖液，能使蛋糕口感更加独特。

长崎蛋糕

烘焙：30分钟　难易度：★☆☆

扫一扫学烘焙

材料

赤砂糖30克，冷水5毫升，牛奶30毫升，色拉油30毫升，白兰地6毫升，鸡蛋5个，糖粉80克，盐1克，蜂蜜30克，香草精3滴，低筋面粉110克

做法

1. 将赤砂糖倒入锅中，加入冷水搅拌均匀，煮至焦色。
2. 在模具中垫好油纸，将煮好的糖水均匀倒入模具中，再放入冰箱冷藏备用。
3. 将白兰地、牛奶、色拉油倒入锅中，隔水加热，备用。
4. 将鸡蛋倒入搅拌盆，分次倒入糖粉，打发3分钟。
5. 倒入蜂蜜、香草精及盐，搅拌均匀。
6. 筛入低筋面粉，搅拌均匀。
7. 倒入步骤3中的混合物，搅拌均匀，制成蛋糕糊。
8. 将蛋糕糊倒入步骤2的模具中，放进预热至160℃的烤箱，烘烤约30分钟即可。

烘焙妙招

打发鸡蛋时隔水加热会更容易打发。

柠檬卡特卡

烘焙：25分钟 难易度：★☆☆

材料

无盐黄油150克，细砂糖120克，盐2克，香草精3～5滴，鸡蛋3个，柠檬皮1个，低筋面粉150克，泡打粉2克

做法

1 无盐黄油及细砂糖搅拌均匀，分次倒入鸡蛋，搅拌均匀，擦入柠檬皮屑，倒入盐及香草精，搅拌均匀，筛入低筋面粉及泡打粉，搅拌均匀，制成蛋糕糊。

2 将蛋糕糊倒入模具中，放入预热至180℃的烤箱中，烘烤约35分钟，取出放凉。

3 借助抹刀分离蛋糕及模具边缘，脱模即可。

爱心雷明顿

烘焙：20分钟 难易度：★★☆

材料

蛋糕糊：鸡蛋2个，细砂糖50克，低筋面粉70克，牛奶30毫升，色拉油15毫升；**巧克力淋面酱**：黑巧克力100克，无盐黄油10克，牛奶60毫升；**装饰**：椰丝适量

做法

1 鸡蛋及细砂糖搅拌均匀，倒入30毫升牛奶、色拉油、低筋面粉，搅拌至无颗粒状态，倒入心形模具中，放入预热180℃的烤箱中烘烤约20分钟。

2 将黑巧克力和无盐黄油加热至融化，倒入60毫升牛奶，拌匀，制成巧克力淋面酱。

3 取出蛋糕，放凉，脱模，在表面淋上巧克力酱，撒上椰丝即可。

柠檬雷明顿

烘焙：18分钟　难易度：★★☆

材料

鸡蛋125克，柠檬汁15毫升，砂糖75克，盐2克，低筋面粉65克，泡打粉2克，炼奶12克，无盐黄油25克，吉利丁片4克，饮用水130毫升，黄色色素2滴，椰蓉适量

做法

1 将鸡蛋、柠檬汁、盐放入搅拌盆，用电动搅拌器搅拌均匀。

2 分3次边搅拌边加入55克砂糖。

3 将无盐黄油、炼奶和10克饮用水隔水加热煮融，搅拌均匀。

4 拌均匀后，倒入蛋液混合物中，搅拌均匀。

5 倒入低筋面粉及泡打粉，用塑料刮刀搅拌均匀，制成蛋糕糊，倒入方形活底戚风模具，抹平。

6 以上火180℃、下火160℃预热，放入烤箱中层，烤约10分钟，至蛋糕上色，将温度调至上、下火150℃，烤约8分钟。

7 待其冷却，脱模，切去边缘部分，再切成小方块状，待用。

8 吉利丁片放入120克温热的饮用水中泡软，搅拌至溶化。

9 加入20克砂糖及黄色色素搅拌均匀。

10 蛋糕方块均匀蘸取黄色混合物，加入椰蓉中，表面均匀裹上椰蓉即可。

君度橙酒巧克力蛋糕

烘焙：12~15分钟　难易度：★★★

材料

蛋糕体：鸡蛋72克，细砂糖45克，低筋面粉39克，杏仁粉26克，可可粉9克，泡打粉1克，无盐黄油52克，黑巧克力32克，君度橙酒8毫升；**巧克力馅**：黑巧克力15克，淡奶油100克，细砂糖15克；**巧克力淋面酱**：吉利丁片5克，牛奶、黑巧克力、果糖、淡奶油各适量；**装饰**：饼干棒适量，开心果碎适量

做法

1 在模具内刷上一些液态的无盐黄油。

2 将鸡蛋和细砂糖放入碗中，隔水加热，使蛋液维持在40℃左右，用搅拌器将鸡蛋打发。

3 筛入所有的粉类搅拌均匀，再倒入橙酒搅拌均匀。

4 将无盐黄油和黑巧克力加热融化，倒入面糊中搅拌均匀，装入裱花袋中。

5 将面糊注入模具中，放入预热至170℃的烤箱中烘烤12~15分钟，取出脱模后，马上刷上橙酒，静置冷却。

6 将淡奶油和细砂糖打发，加入融化后的黑巧克力液，即为巧克力馅，再将其装入裱花袋中。

7 将牛奶、果糖、黑巧克力混合后加热融化，倒入碗中，再加入淡奶油搅拌均匀。

8 将吉利丁片泡软后倒入碗中搅拌均匀，制成巧克力淋面酱，备用。

9 将裱花袋中的巧克力馅挤在蛋糕基底上。

10 再将巧克力淋面酱淋在表面，在表面放上饼干棒和开心果碎即可。

意大利波伦塔蛋糕

烘焙：40分钟　难易度：★★☆

材料

鸡蛋100克，细砂糖80克，牛奶75毫升，无盐黄油60克，低筋面粉70克，粟粉65克，泡打粉2克，柠檬皮1个，葡萄干40克，朗姆酒50毫升，苹果1个，杏仁片25克，糖粉20克

扫一扫学烘焙

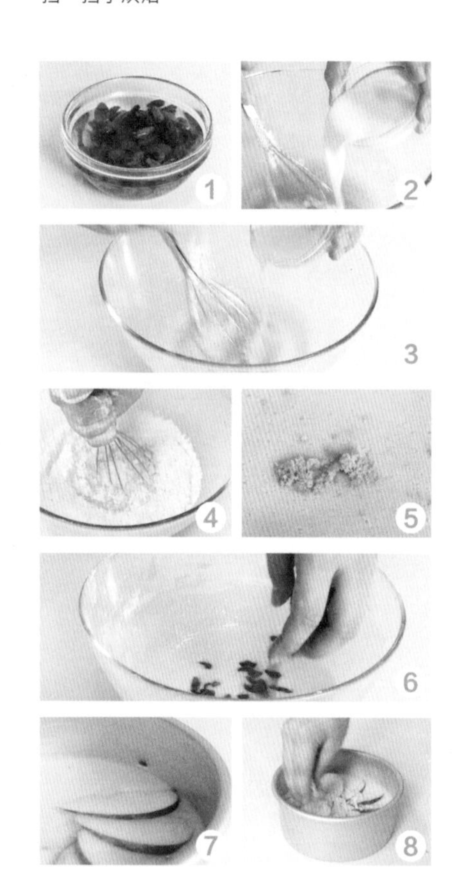

做法

1 将朗姆酒倒入葡萄干中，浸泡；苹果切片；柠檬皮刨出细屑，备用。

2 在搅拌盆中倒入鸡蛋及细砂糖，搅拌均匀，再倒入牛奶，搅拌均匀。

3 将无盐黄油隔水加热融化，在模具的底部涂一层黄油，剩余黄油倒入步骤2的混合物中，搅拌均匀。

4 筛入低筋面粉、粟粉及泡打粉，搅拌均匀。

5 加入柠檬屑，搅拌均匀。

6 放入葡萄干，搅拌均匀，制成蛋糕糊，倒入模具中。

7 在蛋糕糊表面均匀放上一层苹果片。

8 撒上杏仁片及糖粉，放入预热至190℃的烤箱中，烘烤约40分钟即可。

达克瓦兹蛋糕

烘焙：35分钟　难易度：★★☆

材料

蛋糕糊：蛋清100克，盐少许，细砂糖15克，杏仁粉75克，糖粉40克；**内馅**：无盐黄油50克，糖粉50克，即溶咖啡粉5克

扫一扫学烘焙

做法

1 将蛋清和盐放入搅拌盆，用电动搅拌器搅拌均匀。
2 加入细砂糖，快速打发。
3 筛入杏仁粉及40克糖粉，搅拌均匀，制成蛋糕糊。
4 将蛋糕糊装入裱花袋，借助模具挤在铺好油纸的烤盘上，放入预热至160℃的烤箱中，烤约10分钟，再将温度调至140℃，烘烤约25分钟，烤好后取出，放凉。
5 取一新的搅拌盆，倒入无盐黄油和50克糖粉，搅拌均匀。
6 将即溶咖啡粉倒入热水中，搅拌均匀。
7 倒入步骤5的混合物中，搅拌均匀，装入裱花袋中。
8 取出已烤好的蛋糕，在其中的一面挤上内馅，再盖上一块蛋糕即可。

欧培拉

烘焙：15分钟　难易度：★★★

材料

蛋糕体：低筋面粉100克，杏仁粉30克，糖粉50克，细砂糖20克，无盐黄油20克，鸡蛋150克，蛋白100克；**咖啡奶油霜**：细砂糖100克，蛋黄51克，清水30毫升，无盐黄油160克，咖啡精2毫升；**咖啡酒糖浆**：细砂糖60克，清水200毫升，咖啡粉8克，咖啡酒适量；**巧克力甘纳许**：巧克力块75克，淡奶油75克；**巧克力黄油液**：巧克力块40克，无盐黄油30克

做法

1 将低筋面粉、杏仁粉、糖粉过筛拌匀，倒入鸡蛋，搅成面糊，加入无盐黄油拌匀。

2 将细砂糖倒入蛋白中，用电动搅拌器搅拌打发至九分，制成蛋白糊，倒入面糊中翻拌均匀，即成蛋糕糊。

3 取烤盘，铺上蛋糕纸，倒入蛋糕糊，放入已预热至200℃的烤箱中，烘烤约15分钟。

4 将细砂糖、清水加热至沸腾，倒入装有蛋黄的玻璃碗中，搅打均匀。

5 将无盐黄油搅打均匀，分次倒入蛋黄糊中拌匀，倒入咖啡精，搅打成咖啡奶油霜。

6 将清水、细砂糖加热至沸腾，倒入咖啡酒、咖啡粉，小火拌至混合，即成咖啡酒糖浆。

7 咖啡酒糖浆倒入咖啡奶油霜中，搅打均匀，制成咖啡奶油馅。

8 将淡奶油和巧克力块隔热水搅拌至融化，制成巧克力甘纳许，装入裱花袋里。

9 将巧克力块、无盐黄油隔热水边加热边搅拌至融化，制成巧克力黄油液，待用。

10 将蛋糕切开，抹上适量咖啡奶油馅，挤上巧克力甘纳许，抹匀，盖上一片蛋糕，涂抹一层咖啡奶油馅。

11 继续盖上一片蛋糕，均匀地涂抹上一层咖啡奶油馅，挤上巧克力甘纳许，再抹匀，接着盖上最后一片蛋糕。

12 将巧克力黄油液涂抹在蛋糕表面，待其凝固，分切，用剩余巧克力甘纳许在蛋糕上挤出图案即可。

烘焙妙招

要在模具内层刷一层无盐黄油，脱模不会粘连。

扫一扫学烘焙

猫爪小蛋糕

烘焙：20分钟　难易度：★☆☆

材料

鸡蛋4个，细砂糖90克，低筋面粉140克，泡打粉4克，可可粉5克，无盐黄油70克

做法

1 无盐黄油隔水融化，待用。
2 在搅拌盆中倒入鸡蛋，打散。
3 边搅拌边加入细砂糖，搅拌至无颗粒状。
4 倒入过筛的低筋面粉。
5 加入泡打粉。
6 倒入可可粉，搅拌均匀，呈棕色面糊状。
7 倒入融化的无盐黄油，搅拌均匀，使面糊呈现光滑状态。
8 用保鲜膜封起，静置半小时。
9 将面糊装入裱花袋中。
10 将面糊垂直挤入模具中。
11 烤箱以上、下火180℃预热，将蛋糕放入烤箱中层，烤约20分钟。
12 待其冷却，用手即可脱模。

Part 5 时尚花样蛋糕卷

世界上最遥远的距离，在吃货眼里只是胃和美食的距离。不期而遇的蛋糕卷，总是叫人不胜欢喜。这些层层叠叠的蛋糕卷，把所有喜欢的材料都卷入其中，也不会像大蛋糕一样腻人，总有一款是你的心头爱。

栗子蛋糕卷

烘焙：15分钟　难易度：★★★

材料

蛋糕体：蛋黄液100克，蛋白160克，低筋面粉50克，细砂糖90克，无盐黄油40克；**栗子奶油馅：**栗子泥150克，无盐黄油57克，朗姆酒4毫升，淡奶油150克，糖粉10克；**装饰：**熟栗子仁4个，薄荷叶少许

做法

1. 蛋黄液倒入20克细砂糖，用电动搅拌器搅打至发起。
2. 蛋白和70克细砂糖用电动搅拌器搅打至发起。
3. 将搅打好的蛋黄液倒入打发好的蛋白液中，翻拌均匀，筛入低筋面粉，拌至无干粉状态。
4. 将无盐黄油隔热水加热并搅拌至融化，再倒入大玻璃碗中，搅拌均匀，即成蛋糕糊。
5. 取烤盘，铺上高温布，倒入蛋糕糊，轻震排出大气泡，放入已预热至180℃的烤箱中层，烤约15分钟，取出晾凉。
6. 将栗子泥、无盐黄油用电动搅拌器搅拌均匀。
7. 倒入朗姆酒，继续搅拌均匀，即成栗子馅。
8. 将淡奶油倒入干净的大玻璃碗中，倒入糖粉，用电动搅拌器搅拌均匀。
9. 取大约50克的栗子馅倒入已打发的淡奶油中，继续搅拌均匀，即成栗子奶油馅。
10. 撕掉高温布，将蛋糕烤至上色的一面朝下铺在油纸上，用抹刀将栗子奶油馅均匀涂抹在蛋糕表面，将蛋糕卷成卷，再包裹好。
11. 将剩余的栗子馅装入套有网洞状裱花嘴的裱花袋里，用剪刀在裱花袋尖端处剪一个小口。
12. 撕掉油纸，在蛋糕表面来回挤上栗子馅，然后将熟栗子仁、薄荷叶放在栗子奶油馅上作装饰即可。

瑞士水果卷

烘焙：20分钟 难易度：★★☆

材料

蛋黄4个，橙汁50毫升，色拉油40毫升，低筋面粉70克，玉米淀粉15克，蛋白4个，细砂糖40克，动物性淡奶油120克，草莓果肉、芒果果肉各适量

扫一扫学烘焙

做法

1 烤箱通电，以上火170℃、下火160℃进行预热。

2 在玻璃碗中倒入蛋黄和橙汁搅拌均匀，加入色拉油搅拌均匀，加入低筋面粉和玉米淀粉，用搅拌器充分搅拌均匀。

3 将蛋白和细砂糖倒入另一玻璃碗中，用电动搅拌器打至硬性发泡，制成蛋白霜。

4 把做好的蛋白霜倒一半到搅拌好的蛋黄面粉糊中，翻拌均匀后再倒入剩下的蛋白霜翻拌均匀。

5 将做好的蛋糕糊倒入垫有烘焙纸的烤盘内，用长柄刮刀将蛋糕糊刮平整。

6 将蛋糕放入预热好的烤箱中，烘烤约20分钟，取出放凉。

7 把动物性淡奶油打至硬性发泡，待蛋糕放凉后，挤在蛋糕中间位置，再在蛋糕上铺上水果块。

8 用烘焙纸将蛋糕卷起定型，定型完撕去烘焙纸，在水果卷表面以奶油、水果装饰。

速成巧克力瑞士卷

烘焙：30分钟　难易度：★☆☆

材料

海绵蛋糕预拌粉250克，鸡蛋5个，巧克力粉8克，淡奶油100克，植物油60毫升，白砂糖、热水各适量

做法

1 海绵蛋糕预拌粉、水、鸡蛋打发。

2 用适量的热水溶解巧克力粉，倒入打发好的面糊中，再倒入植物油，搅拌均匀。

3 烤盘中铺上油纸，倒入面糊，放入预热好的电烤箱里，上下火160℃，烤制30分钟。

4 在玻璃碗中倒入淡奶油、糖打发；桌子上铺一层油纸，把烤好的巧克力蛋糕放在上面，涂一层奶油，卷起来，放冰箱冷藏10分钟，取出瑞士卷，用刀切成圆片即可。

抹茶瑞士卷

烘焙：30分钟　难易度：★☆☆

材料

海绵蛋糕预拌粉250克，鸡蛋5个，淡奶油100克，植物油60毫升，抹茶粉8克，白砂糖、热水各适量

做法

1 将海绵蛋糕预拌粉、热水、鸡蛋拌匀，打发；用适量的热水溶解抹茶粉，倒入打发好的面糊中，再倒入植物油，搅拌均匀。

2 烤盘中放入油纸，倒入搅拌好的面糊，放入预热好的烤箱中，以上、下火160℃，烤制30分钟。在玻璃碗中倒入淡奶油，加入白砂糖，用搅拌器打发。

3 蛋糕涂一层奶油，卷起，冷藏10分钟即可。

肉松蛋糕卷

烘焙：15分钟　难易度：★★☆

材料

蛋黄糊：蛋黄4个，盐1.5克，玉米油35毫升，牛奶50毫升，低筋面粉63克；**蛋白糊**：蛋白4个，细砂糖50克；**装饰**：葱花少许，肉松适量，沙拉酱适量

做法

1 将牛奶、玉米油、盐倒入大玻璃碗中，用手动搅拌器搅拌均匀。

2 筛入低筋面粉，拌至无干粉状态，倒入蛋黄，快速搅拌均匀，即成蛋黄糊。

3 将蛋白、细砂糖倒入另一个大玻璃碗中，用电动搅拌器将碗中材料搅拌打发至九分。

4 将一半打发好的蛋白倒入蛋黄糊中，用橡皮刮刀翻拌均匀，再倒回装有剩余打发好的蛋白的碗中，用橡皮刮刀翻拌均匀，即成蛋糕糊。

5 取烤盘，铺上高温布，撒上葱花、肉松，倒入蛋糕糊，用刮板抹匀、抹平。

6 再撒上一层葱花、肉松，轻震几下排出大气泡，放入已预热至180℃的烤箱中层，烤约15分钟至表面上色。

7 取出烤盘，晾凉至常温，再倒扣在铺有油纸的操作台上，撕掉高温布。

8 将沙拉酱装入裱花袋里，用剪刀在裱花袋尖端处剪一个口子，再将沙拉酱沿着对角线来回挤在蛋糕上，再用抹刀抹平。

9 撒上一层肉松，再来回挤上沙拉酱，将蛋糕卷成卷。

10 撕掉油纸，将蛋糕分切成厚度一致的卷即可。

原味瑞士卷

烘焙：30分钟　难易度：★☆☆

材料

海绵蛋糕预拌粉250克，鸡蛋5个，水65毫升，植物油60毫升，淡奶油100克，细砂糖30克

做法

1 在盆中倒入海绵蛋糕预拌粉，打入鸡蛋，加入水、植物油，搅拌均匀，放入带有油纸的烤盘中，轻震两下，把气泡震出来。
2 将烤箱预热5分钟，温度为160℃，放入烤盘烤制30分钟，取出。
3 在空碗中倒入淡奶油、细砂糖，用电动搅拌器充分打发。
4 蛋糕抹奶油卷起，冷藏10分钟即可。

草莓香草蛋糕卷

烘焙：20分钟　难易度：★★☆

材料

无盐黄油25克，鸡蛋1个，清水25毫升，盐2克，低筋面粉58克，泡打粉2克，粟粉8克，砂糖50克，香草精2滴，甜奶油150克，新鲜草莓2颗，薄荷叶适量

做法

1 鸡蛋、砂糖、清水、盐，搅拌均匀，筛入低筋面粉、泡打粉及粟粉，搅拌均匀，倒入融化的无盐黄油、香草精，搅拌均匀。
2 烤盘铺上油纸，倒入面糊，放入以上火170℃、下火160℃预热的烤箱，烤约20分钟。
3 甜奶油打发，均匀抹在蛋糕上表面，卷起，呈圆柱状，切成三份，表面挤上打发的奶油，装饰上草莓粒和薄荷叶即可。

烘焙妙招

涂抹奶油不要过量，否则可能使蛋糕卷难以卷起。

双色毛巾卷

烘焙：16分钟　难易度：★★★

材料

蛋白7个，砂糖200克，塔塔粉3克，盐1克，柠檬汁2毫升，蛋黄3个，植物油120毫升，牛奶140毫升，粟粉50克，低筋面粉175克，香草精3滴，泡打粉3克，抹茶粉3克，已打发的淡奶油100克

做法

1 植物油、牛奶、150克砂糖，搅拌均匀。

2 倒入低筋面粉、粟粉及泡打粉，继续搅拌至无粉末状。

3 加香草精、蛋黄搅打均匀。

4 分成两份，一份加抹茶粉拌匀。

5 蛋白、盐、塔塔粉、柠檬汁、50克砂糖，打发成蛋白霜。

6 分别加入到原味面糊及抹茶面糊中，搅拌均匀。

7 分别装入裱花袋中。

8 间隔挤入烤盘，放入烤箱。

9 以上火170℃、下火160℃烤约16分钟。

10 取出，待其冷却，撕下油纸。

11 在蛋糕体上面均匀抹上已打发的淡奶油。

12 将蛋糕体卷起，切分好即可。

杏仁戚风卷

烘焙：30分钟　难易度：★★☆

材料

水100毫升，色拉油85毫升，低筋面粉162克，玉米淀粉25克，奶香粉2克，蛋黄125克，蛋白325克，塔塔粉4克，砂糖188克，杏仁片适量，柠檬果膏适量

做法

1 把水、色拉油混合拌匀。
2 加入低筋面粉、玉米淀粉、奶香粉拌至无粉粒。
3 加入蛋黄拌成光亮的面糊，备用。
4 把蛋白、砂糖、塔塔粉倒在一起，先慢后快打至鸡尾状。
5 把步骤4混合好的材料分次加入步骤3的面糊中完全拌匀，制成蛋糕糊。
6 将蛋糕糊倒在铺有白纸的烤盘，抹至厚薄均匀。
7 在表面撒上杏仁片装饰。
8 烤盘入炉以170℃的炉温烘烤。
9 约烤30分钟，完全熟透后出炉冷却。
10 把凉透的蛋糕体置于铺有白纸的案台上，取走粘在糕体上的白纸。
11 在蛋糕表面抹上柠檬果膏。
12 卷起，静置30分钟以上定型，分切成小件即可。

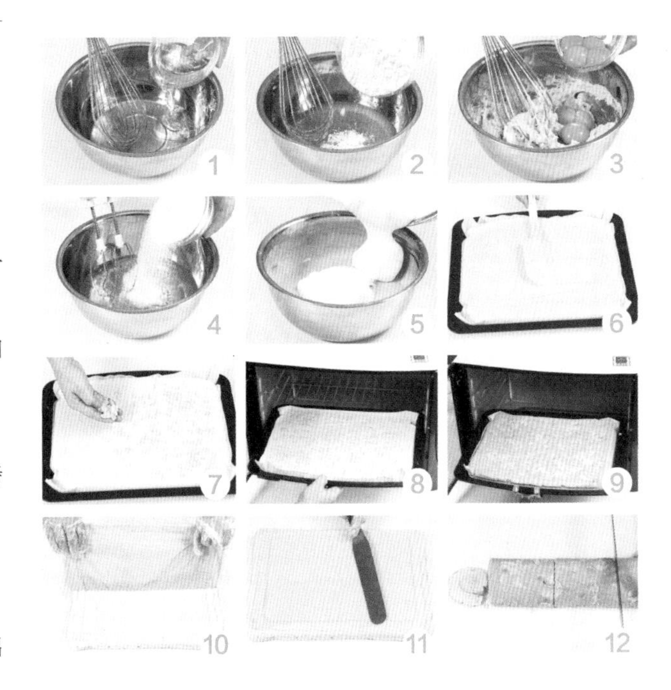

烘焙妙招

冷藏静置可减少定型时间。

浮云蛋糕卷

烘焙：25分钟　难易度：★★★

材料

蛋黄糊：牛奶280毫升，无盐黄油45克，盐1.5克，蛋黄86克，细砂糖10克，低筋面粉45克；**蛋白糊**：蛋白135克，细砂糖50克；**装饰**：淡奶油160克，细砂糖12克，粉红食用色素适量，草莓块适量，芒果丁适量，薄荷叶少许

做法

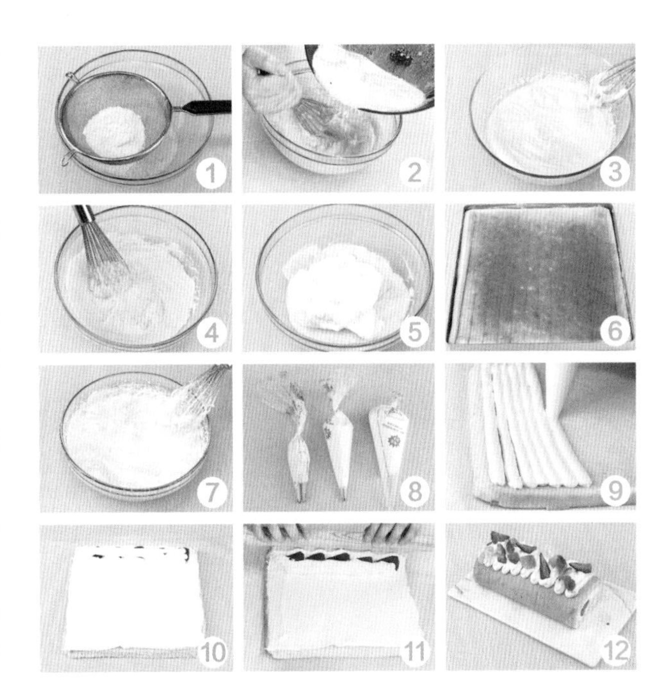

1. 将蛋黄、细砂糖拌匀，筛入低筋面粉，拌至无干粉状态。
2. 锅中倒入牛奶、无盐黄油、盐，中火加热，搅拌均匀，倒入面糊中，边倒边不停地搅拌，即成蛋黄糊。
3. 另取一碗，倒入蛋白，再先后分3次倒入细砂糖，用电动搅拌器搅拌打发至九分。
4. 将蛋黄糊隔热水加热，搅拌至蛋黄糊呈浓稠状，晾至常温。
5. 分3次将蛋白糊倒入蛋黄糊中，翻拌成蛋糕糊。
6. 取烤盘，铺上高温布，倒入蛋糕糊，放入预热至170℃的烤箱中，烤约25分钟，取出。
7. 将淡奶油、细砂糖用电动搅拌器搅拌打发至九分。
8. 将已打发的淡奶油分成3份。第1份加入粉红食用色素拌匀，然后装入套有圆齿裱花嘴的裱花袋里；第2份装入套有圆形裱花嘴的裱花袋里；第3份直接装入裱花袋里。
9. 将第3份一部分原色奶油挤在蛋糕上，再用抹刀抹平。
10. 在蛋糕一边放上一排对半切开的草莓，再将剩余的第3份原色奶油挤在草莓上。
11. 将蛋糕卷成卷，放入冰箱冷藏约20分钟。
12. 将第二份已打发的淡奶油来回挤在蛋糕卷上，放上草莓块、芒果丁、薄荷叶，再挤上粉色奶油作装饰即可。

摩卡咖啡卷

烘焙：12分钟　难易度：★★☆

材料

蛋糕糊：鸡蛋2个，细砂糖40克，低筋面粉35克，即溶咖啡粉5克，热水10毫升；**夹馅**：无盐黄油80克，鸡蛋30克，细砂糖30克，咖啡利口酒7毫升，即溶咖啡粉7克，冷水10毫升

扫一扫学烘焙

做法

1 将30克细砂糖倒入锅中，加入冷水，煮至溶化，倒入7克即溶咖啡粉，搅拌均匀。

2 30克鸡蛋打散，倒入步骤1的混合物中，搅拌均匀，倒入咖啡利口酒，搅拌均匀。

3 将前两步制成的混合物倒入无盐黄油中，搅打均匀，制成蛋糕夹馅，装入裱花袋，备用。

4 将2个鸡蛋倒入搅拌盆，分次加入40克细砂糖打发3分钟。

5 将热水与5克即溶咖啡粉搅匀，倒入步骤4的混合物中，搅拌均匀。

6 筛入低筋面粉，搅拌均匀，制成蛋糕糊。倒入铺好油纸的烤盘中刮平，放进预热至190℃的烤箱中烘烤约12分钟。

7 取出烤好的蛋糕，撕下油纸，放凉。

8 将夹馅均匀挤在蛋糕表面，抹平，卷起，放入冰箱冷藏定型即可。

烘焙妙招

在烤盘上挤原味面糊，只需竖着挤几条，再横着画几道即可。

扫一扫学烘焙

长颈鹿蛋糕卷

烘焙：14分钟　难易度：★★★

材料

植物油20毫升，蛋黄3个，砂糖52克，鲜奶45毫升，低筋面粉40克，粟粉15克，可可粉15克，蛋白4个，淡奶油100克，糖粉10克

做法

1 植物油、鲜奶、粟粉拌匀。
2 加入12克砂糖、低筋面粉、蛋黄搅匀，取1/3作原味面糊。
3 剩余面糊加可可粉，拌成可可面糊。
4 蛋白加40克砂糖打发。
5 分别加入可可面糊和原味面糊中拌匀，原味面糊装入裱花袋。
6 烤盘内垫上油纸，用原味面糊画出长颈鹿的纹路。
7 烤箱以上、下火170℃预热，烤盘放入烤箱，烘烤2分钟。
8 取出，倒入可可面糊抹平，再放入烤箱，烤约12分钟。
9 淡奶油加糖粉打发。
10 将蛋糕体取出，冷却。
11 将打发好的奶油抹在没有斑纹的那一面。
12 奶油抹匀后利用擀面杖将蛋糕体卷起即可。

QQ雪卷

烘焙：20分钟　难易度：★★★

材料

蛋黄糊：细砂糖20克，色拉油30毫升，低筋面粉70克，玉米淀粉15克，蛋黄65克，水40毫升；**蛋白霜**：蛋白175克，细砂糖75克，塔塔粉2克；**蛋皮糊**：鸡蛋2个，细砂糖60克，低筋面粉60克，黄油60克；**馅料**：果酱适量

做法

1 将水倒入玻璃碗中，加入色拉油、细砂糖，用搅拌器拌匀。

2 加入低筋面粉、玉米淀粉，搅拌成面糊，倒入蛋黄，搅成顺滑的面浆，即为蛋黄糊。

3 将细砂糖倒入玻璃碗中，加入蛋白，用电动搅拌器快速打发，加入塔塔粉，快速打发至鸡尾状，即为蛋白霜。

4 取一半打发好的蛋白霜，加入到蛋黄糊中，搅拌均匀，再倒回余下的蛋白霜中，搅拌均匀，制成蛋糕浆。

5 把蛋糕浆倒入铺有烘焙纸的烤盘里，用长柄刮刀抹平，放入预热好的烤箱里，以上火170℃、下火170℃烤20分钟至熟。

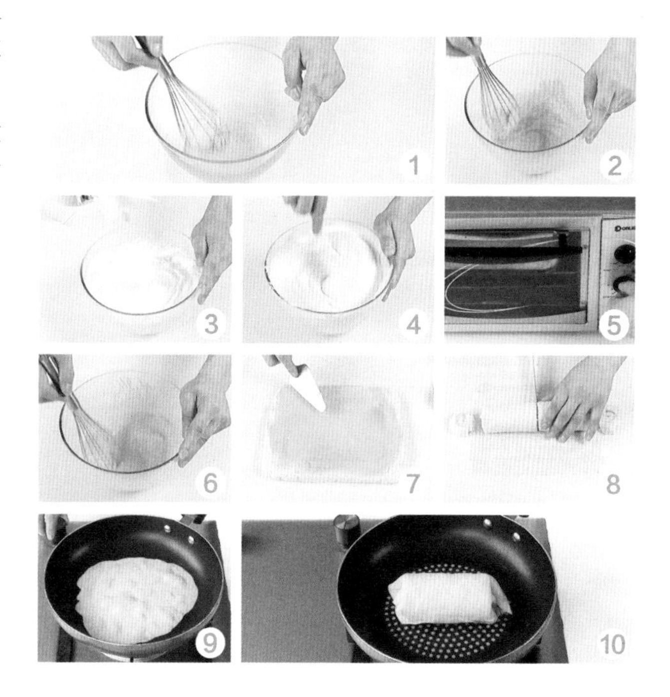

6 把细砂糖倒入玻璃碗中，加入鸡蛋，用手动搅拌器快速拌匀，加入低筋面粉，搅拌成面糊，放入黄油，搅成顺滑的面浆，即为蛋皮糊。

7 把烤好的蛋糕取出，倒扣在白纸上，撕去粘在蛋糕上的烘焙纸，把果酱倒在蛋糕上抹匀，用木棍卷起白纸。

8 将蛋糕卷成卷，切成两段，待用。

9 煎锅烧热，倒入适量蛋皮糊，用小火煎至熟。

10 放入切好的蛋糕，卷好，装入盘中即可。

水果蛋糕卷

烘焙：14分钟　难易度：★★☆

材 料

蛋糕糊：鸡蛋2个，细砂糖40克，低筋面粉35克，水2.5毫升；**夹馅**：淡奶油120克，细砂糖10克，新鲜水果块适量

做 法

1 鸡蛋中分3次倒入40克细砂糖，打发，倒入水拌匀，筛入低筋面粉，搅拌均匀，制成蛋糕糊，倒入铺好油纸的烤盘上抹平。

2 放入预热至180℃的烤箱中，烘烤约14分钟，取出，撕下油纸，放凉。

3 将淡奶油及10克细砂糖放入新的搅拌盆中，打发至可提起鹰嘴状，抹在蛋糕体上层表面，放上水果，卷起，冷藏30分钟定型即可。

全麦蛋糕卷

烘焙：30分钟　难易度：★★☆

材 料

水60毫升，鲜奶60毫升，色拉油67毫升，低筋面粉117克，全麦粉50克，蛋黄94克，蛋白200克，砂糖100克，塔塔粉4克，盐2克，柠檬果膏适量

做 法

1 水、鲜奶、色拉油混合拌匀，加入低筋面粉、全麦粉拌至无颗粒，再加入蛋黄拌匀。

2 把蛋白、砂糖、塔塔粉、盐拌匀，打发，倒入面糊中拌匀，倒入铺有烘焙纸的烤盘中，放入烤箱以180℃烤约30分钟，取出。

3 蛋糕体表面抹上柠檬果膏，卷成长条状，静置30分钟以上，再分切成小件即可。

蓝莓瑞士卷

烘焙：15分钟　难易度：★★☆

材料

蛋糕糊：鸡蛋4个，水50毫升，细砂糖80克，香草精4滴，低筋面粉90克，泡打粉2克，盐1克，蓝莓果酱100克；**夹馅**：淡奶油100克，无盐黄油40克，蓝莓果酱70克，炼奶20克

扫一扫学烘焙

做法

1 将鸡蛋及细砂糖倒入搅拌盆中，快速打发3分钟，至稠状。
2 在100克蓝莓果酱中倒入盐及水，搅拌均匀。
3 在步骤2中倒入香草精，搅拌均匀。
4 将步骤3的混合物倒入步骤1的搅拌盆中，搅拌均匀。
5 筛入泡打粉及低筋面粉，搅拌至无粉状态，制成蛋糕糊。
6 将蛋糕糊倒入铺好油纸的烤盘中，抹平；放入预热至180℃的烤箱中烘烤约15分钟。烤好后，取出，撕下油纸，放凉。
7 将淡奶油倒入新的搅拌盆中打发，加入炼奶，搅拌均匀，抹在蛋糕内侧。
8 在一新的搅拌盆内倒入无盐黄油，打散，加入70克蓝莓果酱，搅拌均匀，放在奶油上面。将蛋糕卷起，放入冰箱冷藏30分钟定型即可。

圣诞树桩蛋糕卷

烘焙：18分钟　难易度：★★★

材料

巧克力面糊：蛋黄4个，玉米油35毫升，牛奶50毫升，低筋面粉63克，可可粉5克；**蛋白糊**：蛋白4个，细砂糖50克；**巧克力奶油**：热水20毫升，可可粉15克，植物性奶油80克；**装饰**：巧克力200克，无盐黄油40克，防潮糖粉、草莓、薄荷叶、蓝莓各适量

做法

1 将牛奶及玉米油倒入大玻璃碗中，用手动搅拌器搅拌均匀。

2 将低筋面粉及可可粉筛入碗中，搅拌至无干粉状态。

3 倒入蛋黄，搅拌均匀，制成巧克力面糊。

4 将蛋白倒入另一个大玻璃碗中，分3次倒入细砂糖。

5 用电动搅拌器搅拌打发至九分，制成蛋白糊。

6 先将1/3的蛋白糊倒入巧克力面糊中搅拌均匀，再倒回至剩余的蛋白糊中，搅拌直至完全均匀。

7 取方形烤盘，铺上高温布，倒入蛋糕糊抹平，放入已预热至180℃的烤箱中，烤约18分钟，取出放凉。

8 将可可粉与热水搅拌均匀，做成巧克力酱。

9 将巧克力酱和打发后的植物性奶油用橡皮刮刀搅拌均匀，制作成巧克力奶油，装入裱花袋。

10 将蛋糕倒扣在铺有油纸的操作台上，再撕掉高温布，将巧克力奶油挤在蛋糕上，抹平。

11 用擀面杖辅助将蛋糕卷成卷，撕掉油纸。

12 将装饰材料中的巧克力和无盐黄油隔水加热，淋在蛋糕卷上，用叉子刮出纹路，冷藏凝固，撒上防潮糖粉、草莓、蓝莓、薄荷叶即可。

萌爪爪奶油蛋糕卷

烘焙：18分钟　难易度：★★★

扫一扫学烘焙

材料

可可粉适量；**蛋黄部分**：蛋黄85克，细砂糖10克，纯牛奶60毫升，色拉油50毫升，低筋面粉100克；**蛋白部分**：蛋白140克，柠檬汁少许，细砂糖50克；**馅料部分**：香橙果酱适量

做法

1 将纯牛奶倒入玻璃碗中，加入细砂糖、色拉油，搅匀，倒入低筋面粉，搅成糊状。

2 加入蛋黄，拌成顺滑的面浆。

3 另取玻璃碗，倒入蛋白、细砂糖、柠檬汁，用电动搅拌器快速打发至其呈鸡尾状。

4 取一个玻璃碗，加入适量打发好的蛋白部分和少许面浆，用长柄刮刀搅匀。加入适量可可粉，搅拌均匀。

5 把拌匀的材料装入裱花袋，在裱花袋的尖端剪一个小口，挤入铺有烘焙纸的烤盘中，制成爪状蛋糕生坯。

6 把烤盘放入预热好的烤箱，上下火调至160℃，烤3分钟至熟，取出。

7 将剩余的面浆和蛋白部分混合，用长柄刮刀搅匀，制成蛋糕浆。

8 将蛋糕浆倒入装有爪状蛋糕的烤盘里，用长柄刮刀抹匀。

9 放入预热好的烤箱，上下火调至170℃，烤15分钟至熟。取出，倒扣在烘焙纸上，撕去粘在蛋糕底部的烘焙纸。

10 将蛋糕翻面，放上适量香橙果酱，用三角铁板抹匀。

11 用木棍将烘焙纸卷起，把蛋糕卷成圆筒状。

12 摊开烘焙纸，用蛋糕刀将蛋糕两端切齐整，再将蛋糕切成两段，装入盘中即可。

抹茶芒果戚风卷

烘焙：8～10分钟　难易度：★★☆

扫一扫学烘焙

材料

蛋黄糊：蛋黄3个，糖粉35克，抹茶粉10克，牛奶40毫升，色拉油30毫升，低筋面粉50克；**蛋白霜**：蛋清3个，糖粉35克；**夹馅**：淡奶油200克，糖粉30克，芒果丁适量

做法

1 将备好的牛奶与色拉油倒入搅拌盆中，用手动搅拌器搅拌均匀。

2 倒入35克糖粉，搅拌均匀。

3 筛入低筋面粉及抹茶粉，搅拌均匀。

4 倒入蛋黄，搅拌均匀，制成蛋黄糊。

5 取另一个干净的搅拌盆，倒入蛋清及35克糖粉打发，制成蛋白霜。

6 将1/3蛋白霜倒入蛋黄糊中，搅拌均匀，再倒回至剩余的蛋白霜中，搅拌均匀，制成蛋糕糊。

7 将蛋糕糊倒在铺好油纸的30厘米×41厘米的烤盘上，抹平，放进预热至220℃的烤箱中，烘烤8～10分钟。

8 将淡奶油及30克糖粉倒入干净的搅拌盆中，用电动搅拌器打发。

9 取出烤好的蛋糕体，撕下油纸，放凉，抹上已打发的淡奶油，均匀撒上芒果丁，卷起，放入冰箱冷藏定型即可。

天空蛋糕卷

烘焙：17分钟　难易度：★★★

材料

低筋面粉75克，蛋黄（4个）62克，蛋白A（1个）35克，细砂糖A5克，蛋白B（4个）143克，细砂糖B50克，牛奶70毫升，色拉油60毫升，泡打粉2克，湖蓝色素2滴，蓝色素2滴，白色素2滴，已打发淡奶油适量，猕猴桃丁适量，芒果丁适量

做法

1 将蛋黄打散，倒入牛奶，搅打均匀。

2 倒入色拉油，搅打均匀。

3 筛入低筋面粉、泡打粉，搅拌至无干粉状态，即成蛋黄糊。

4 取适量蛋黄糊倒入两个碗中，滴入白色素、蓝色素拌匀，即白色蛋黄糊、蓝色蛋黄糊。

5 剩余蛋黄糊中滴入湖蓝色素拌匀，即成湖蓝色蛋黄糊。

6 在蛋白A中分三次倒入细砂糖A打发，即成蛋白糊A。

7 分别倒入白色蛋黄糊和蓝色蛋黄糊中拌匀，制成白色蛋糕糊、蓝色蛋糕糊，装入裱花袋。

8 取烤盘，铺上白云图案纸，垫上蛋糕卷塑胶垫，用白色蛋糕糊、蓝色蛋糕糊画出星星，放入已预热至180℃的烤箱中层，烘烤约2分钟。

9 在蛋白B中分三次倒入细砂糖B打发，即成蛋白糊B。

10 倒入湖蓝色蛋黄糊中，搅拌均匀，即成湖蓝色蛋糕糊。

11 取出烤盘，倒入湖蓝色蛋糕糊抹平，继续烤约15分钟。

12 取出烤好的蛋糕，倒扣在铺有油纸的烤网上，再脱模，静置使其稍稍放凉至室温。

13 再将蛋糕倒扣在铺有油纸的操作台上，将已打发的淡奶油均匀地涂抹在蛋糕上。

14 放上猕猴桃丁、芒果丁抹匀。

15 提起油纸卷成卷，再放入冰箱冷藏一会儿，取出去掉油纸即可。

Part5 时尚花样蛋糕卷

年轮蛋糕卷

煎：10分钟　难易度：★★☆

材料

全蛋100克，细砂糖65克，低筋面粉50克，无盐黄油15克，牛奶15毫升，玉米粉15克，泡打粉1克，全麦饼干粉少许，食用油少许

做法

1 将全蛋、细砂糖倒入大玻璃碗中，用电动打蛋器搅打至发泡、不易滴落。

2 将低筋面粉、玉米粉、泡打粉过筛至碗里，用软刮翻拌成无干粉的面糊。

3 将隔水融化的无盐黄油倒入装牛奶的小玻璃碗中，搅拌均匀。

4 碗中再放入适量面糊，拌匀。

5 倒入大玻璃碗中，用软刮翻拌至所有材料混合均匀，即成蛋糕糊。

6 平底锅擦上少许食用油后加热。

7 锅中倒入适量面糊，用软刮抹匀，煎至面糊底面呈金黄色，翻面，继续煎至底面呈金黄色，即成蛋糕片，盛出，依此法再煎出几张蛋糕片。

8 在操作台上卷起一片蛋糕片，放在第二片蛋糕片上，继续卷起，接着再放在最后一片蛋糕片上卷起，裹上全麦饼干粉即可。

Part 6

免烤芝士、慕斯蛋糕

在慕斯蛋糕的世界里，蛋糕底是点缀，甜蜜又轻巧的慕斯才是主角。不用烤箱做出的芝士蛋糕与慕斯蛋糕，少了一分烟火气息，多了几分清爽嫩滑。一口松软又不腻人的慕斯，让心情都飞扬起来。

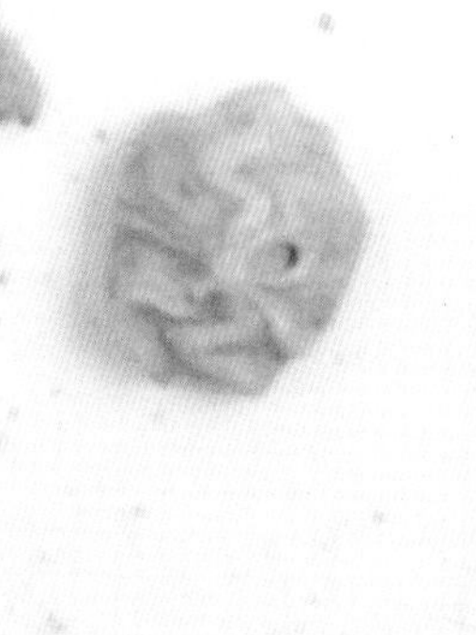

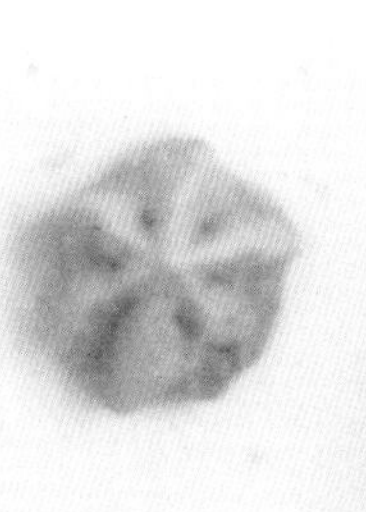

巧克力曲奇芝士蛋糕

冷藏：4小时　难易度：★★★

材料

饼干底：奶香曲奇饼干95克，无盐黄油50克；**巧克力曲奇芝士**：吉利丁片8克，鲜奶85毫升，奶油芝士130克，砂糖25克，淡奶油350克，朱古力酒15毫升；**装饰**：奥利奥饼干80克

做法

1 圆形慕斯模具锡纸包好，备用。
2 奶香曲奇饼干捣碎，与无盐黄油拌匀，倒入模具中压实。
3 吉利丁片放入水中泡软。
4 鲜奶煮开，加入吉利丁片拌匀。
5 奶油芝士、砂糖打至松软，倒入朱古力酒，拌至完全融合。
6 倒入鲜奶混合物，搅拌均匀。
7 淡奶油打发，留小部分装饰用。
8 将打发的淡奶油加入芝士糊混合物中，搅拌均匀。
9 加入饼干碎，拌成曲奇芝士。
10 倒入慕斯模中，冷藏4小时。
11 用热毛巾敷在模具四周脱模。
12 奥利奥饼干切成四份；将蛋糕平均分成八小块，挤上奶油，放上奥利奥饼干装饰即可。

烘焙妙招

若没有曲奇饼干，也可将奥利奥饼干夹心除去，碾碎，加入无盐黄油拌匀，压成饼干底。

焦糖巴巴露

冷藏：4小时　难易度：★★☆

材料

饼干底：奥利奥饼干30克，无盐黄油10克；**巴巴露**：细砂糖70克，水10毫升，牛奶70毫升，蛋黄1个，吉利丁片8克，淡奶油155克；**装饰**：防潮可可粉适量，巧克力适量

扫一扫学烘焙

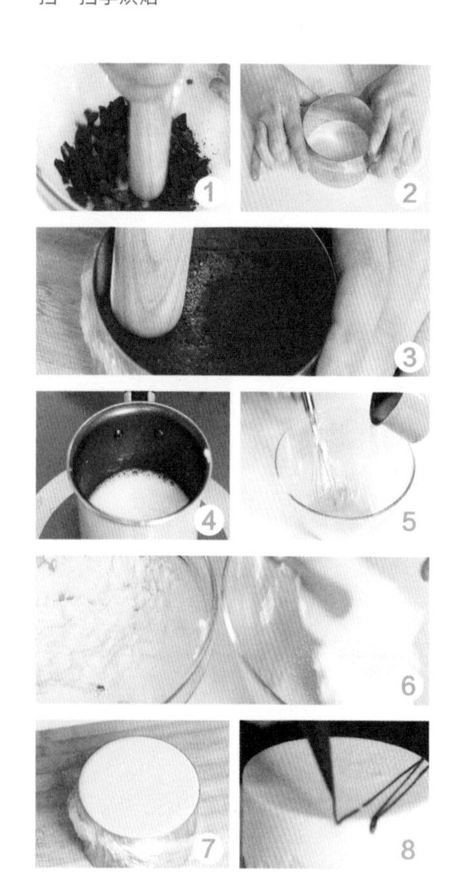

做法

1 将奥利奥饼干去掉夹心，敲碎，备用。

2 在慕斯圈底部包好保鲜膜。

3 无盐黄油加热融化，倒入饼干碎中搅拌均匀，再倒入慕斯圈中，压实，作为饼干底。

4 在锅中倒入细砂糖和水，加热至微焦状，再倒入20克淡奶油及牛奶，搅拌均匀。

5 将蛋黄放入搅拌盆，打散；再倒入步骤4中的混合物及吉利丁片，搅拌均匀。

6 将135克淡奶油倒入搅拌盆，用电动搅拌器快速打发，取1/3倒入步骤5的混合物中，搅拌均匀，再倒回至已打发的淡奶油中，搅拌均匀，制成巴巴露。

7 将巴巴露倒入放有饼干底的模具，冷藏4小时以上。

8 取出冷冻好的蛋糕，脱模，将巧克力融化，装入裱花袋，挤在蛋糕表面，撒上防潮可可粉。

蓝莓冻芝士蛋糕

冷藏：4小时 难易度：★★☆

材料

饼干底：消化饼干100克，无盐黄油35克；**蓝莓糊：**奶油芝士200克，淡奶油100克，吉利丁片5克，牛奶15毫升，蓝莓汁100毫升，细砂糖30克；**装饰：**蓝莓35克，薄荷叶1片

做法

1 将消化饼干装入密封袋里，用擀面杖擀成碎。

2 倒入无盐黄油中，翻拌均匀，制成饼干底。

3 取慕斯圈，用锡箔纸包上一边做底，倒入饼干底，铺平、抹匀，放入冰箱冷藏，待用。

4 将室温软化的奶油芝士用电动搅拌器搅打均匀，倒入细砂糖，继续搅打均匀。

5 将吉利丁片浸水泡软，和牛奶一起倒入平底锅中，用中火煮至沸腾，缓慢倒入装有奶油芝士的大玻璃碗中，边倒边搅拌均匀，倒入蓝莓汁，搅拌均匀，制成蓝莓糊。

6 将淡奶油倒入干净的大玻璃碗中，用电动搅拌器搅打至九分发，分3次倒入蓝莓糊中，均用手动搅拌器搅拌均匀，制成蛋糕糊。

7 取出饼干底，倒入蛋糕糊，轻震几下排出大气泡，再放入冰箱冷藏4个小时以上。

8 取出冷藏好的蛋糕，撕掉锡箔纸，用喷枪烤一下慕斯圈表面，再脱去慕斯圈。

9 放上蓝莓、薄荷叶作装饰即可。

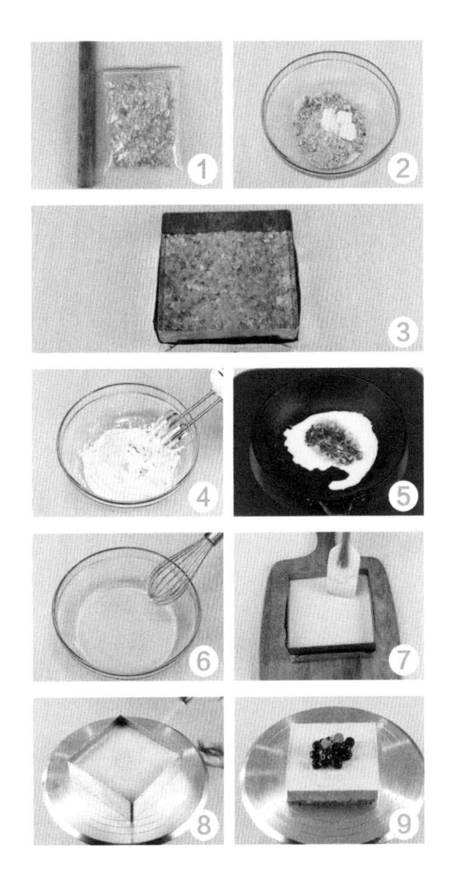

酸奶芝士蛋糕

冷藏：4小时　难易度：★★☆

材料

饼干底：消化饼干95克，无盐黄油50克；**蛋糕糊**：淡奶油100克，奶油芝士200克，细砂糖50克，酸奶80克，吉利丁片7克，牛奶50毫升，柠檬汁5毫升，朗姆酒8毫升；**装饰**：草莓少许，蓝莓少许，打发的鲜奶油适量

做法

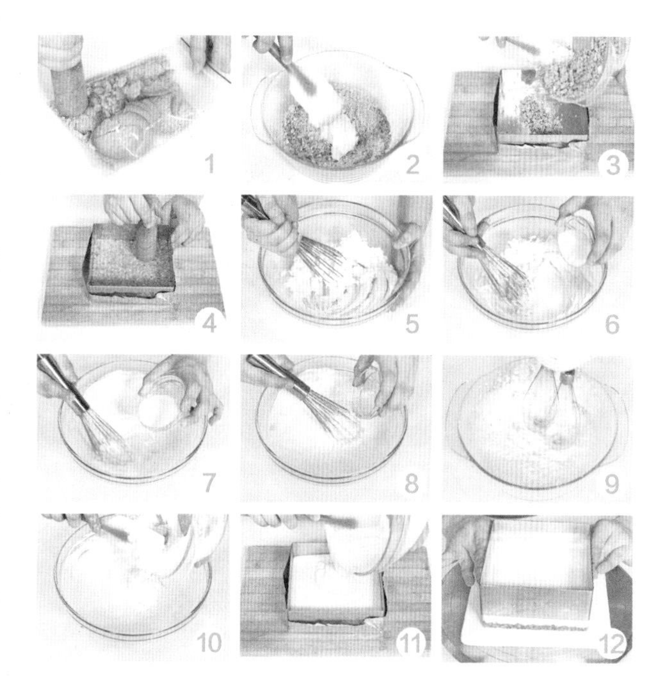

1 将消化饼干装入保鲜袋中，用擀面杖将饼干擀碎。

2 将饼干碎倒入大玻璃碗中，再倒入无盐黄油，用软刮翻拌均匀。

3 取正方形蛋糕模，包上锡纸做底，再放在砧板上，倒入拌匀的饼干碎。

4 用软刮抹平，再用擀面杖轻轻敲严实。

5 将奶油芝士倒入另一个大玻璃碗中，用手动搅拌器搅拌均匀。

6 碗中倒入细砂糖，继续搅拌均匀。

7 倒入酸奶，搅拌均匀，倒入牛奶、泡软的吉利丁片，搅拌均匀。

8 倒入柠檬汁、朗姆酒，搅拌均匀。

9 将淡奶油倒入一个干净的大玻璃碗中，用电动搅拌器搅打均匀至浓稠状。

10 将打发好的淡奶油倒入装有奶油芝士的大玻璃碗中，用软刮搅拌均匀，即成蛋糕糊。

11 将拌匀的材料倒在有饼干底的正方形蛋糕模里。

12 放入冰箱冷藏4个小时，取出脱模，点缀草莓、蓝莓、打发的鲜奶油即可。

抹茶冻芝士蛋糕

冷藏：4小时　难易度：★★☆

材料

饼干底：奥利奥饼干（去除奶油夹心）80克，无盐黄油50克；**蛋糕糊**：奶油芝士200克，淡奶油170克，抹茶粉10克，细砂糖80克，牛奶30毫升，吉利丁片10克，蜜豆25克

做法

1 将奥利奥饼干擀成碎。

2 将奥利奥饼干碎和室温软化无盐黄油拌匀，制成饼干底。

3 取慕斯圈，倒入饼干底，铺平、抹匀，放入冰箱冷藏。

4 将奶油芝士用电动搅拌器搅打均匀。

5 倒入细砂糖，打至出现纹路。

6 将吉利丁片浸水泡软。

7 平底锅中倒入牛奶煮沸，捞出泡软的吉利丁片放入锅中，煮至完全溶化。

8 改小火，倒入抹茶粉，搅拌至无干粉，制成抹茶糊，关火。

9 将抹茶糊分2次倒入奶油芝士中，用电动搅拌器搅打均匀。

10 再另外将淡奶油用电动搅拌器搅打至九分发。

11 将一半打发淡奶油倒入抹茶糊中，翻拌均匀。

12 再倒入剩余的打发淡奶油，继续翻拌均匀。

13 碗中再倒入20克蜜豆，翻拌均匀，制成蛋糕糊。

14 取出饼干底，倒入蛋糕糊，轻震几下排出大气泡，撒上剩余蜜豆，制成抹茶芝士蛋糕坯。

15 将抹茶芝士蛋糕坯放入冰箱冷藏4个小时以上，取出冷藏好的蛋糕，撕掉锡箔纸，放在转盘上，用喷枪烤一下慕斯圈表面，再脱模即可。

芒果芝士蛋糕

冷藏：4小时　难易度：★★☆

材料

饼干底：消化饼干60克，无盐黄油（热融）35毫升；**芝士液**：奶油芝士200克，芒果泥100克，吉利丁片3片，细砂糖40克，淡奶油80克，芒果片适量

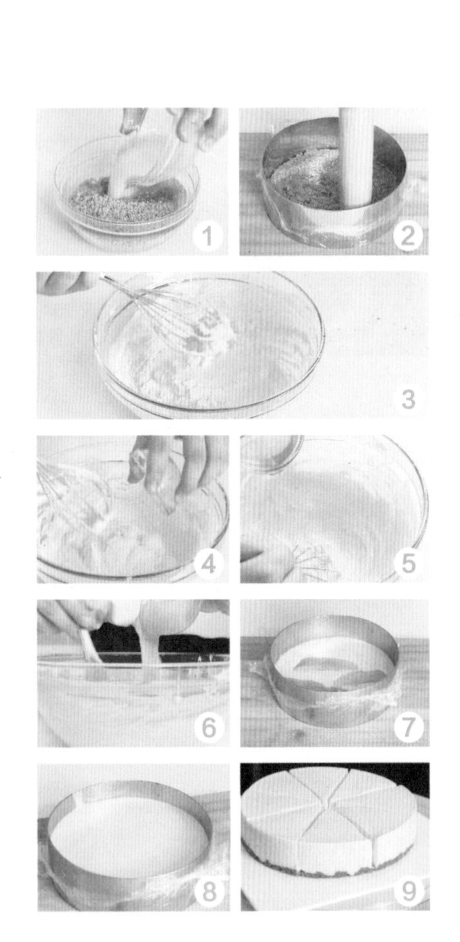

做法

1 将消化饼干装入裱花袋中，敲碎，倒入融化的无盐黄油，搅拌均匀。

2 倒入包好保鲜膜的慕斯圈中，压实，放入冰箱冷冻半小时。

3 将奶油芝士倒入搅拌盆中，分次加入淡奶油，搅拌均匀。

4 倒入细砂糖，搅拌均匀。

5 将吉利丁片装入碗中，隔热水搅拌至溶化，再倒入混合物中，搅拌均匀。

6 倒入芒果泥，搅拌均匀，制成芝士液。

7 倒一半芝士液在铺有饼底的慕斯圈中，再均匀地放上一层芒果片。

8 再倒入另外一半芝士液，整体放入冰箱冷藏约4个小时至成型。

9 取出冷藏好的蛋糕，用喷枪烘烤一下慕斯圈表面，再脱模，然后切块即可。

生芝士蛋糕

冷藏：4小时　难易度：★★☆

材料

饼干底：消化饼干80克，有盐黄油30克；**慕斯糊**：奶油芝士200克，细砂糖50克，酸奶150克，淡奶油200克，柠檬汁适量，吉利丁片4克；**装饰**：柠檬适量，蜂蜜适量

扫一扫学烘焙

做法

1 将消化饼干碾碎，倒入搅拌盆中。

2 加入有盐黄油，搅拌均匀，倒入活底蛋糕模具中，压成饼底，放进冰箱冷藏。

3 取一新的搅拌盆，将奶油芝士放入，倒入细砂糖，搅打至顺滑。

4 加入柠檬汁及酸奶，搅拌均匀。

5 加入泡软、煮融的吉利丁片，搅拌均匀。

6 取一新的搅拌盆，倒入淡奶油，用电动搅拌器打发。

7 将打发的淡奶油分次加入步骤5的混合物中，搅拌均匀，制成慕斯糊。

8 将慕斯糊倒入有饼干底的模具中，放进冰箱中冷藏4小时至凝固；取出后用喷火枪脱模，放上切片的柠檬，倒上蜂蜜装饰即可。

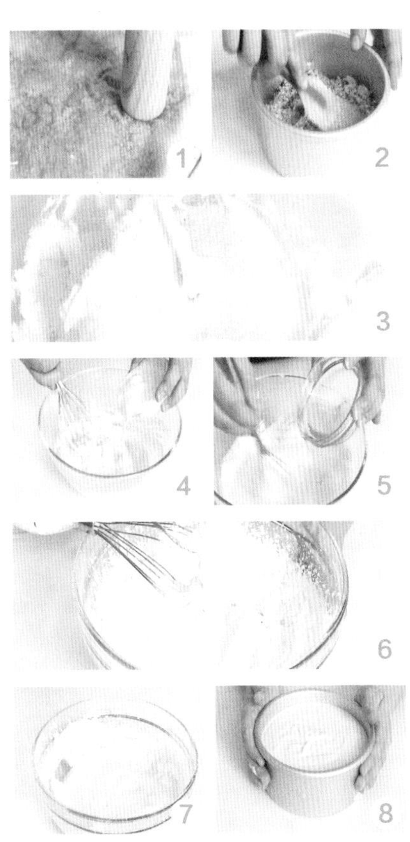

Gile
ASIAN STYLE BAKERY

咖啡芝士蛋糕

冷藏：4小时　难易度：★★★

材料

原味蛋糕体适量，手指饼干适量；**咖啡糖浆**：咖啡酒8毫升，咖啡粉5克，砂糖15克，清水50毫升；**慕斯馅**：清水20毫升，砂糖65克，蛋黄35克，芝士125克，吉利丁3克，打发淡奶油125克；**装饰**：可可粉适量，巧克力配件适量

做法

1 将咖啡粉和15克砂糖、50毫升清水拌匀，煮至沸腾。

2 冷却后，加入3毫升咖啡酒拌匀待用。

3 50克砂糖、20毫升清水同煮至118℃，将糖水倒入蛋黄中，快速搅拌至发白浓稠。

4 芝士隔热水拌至融化，再将步骤3的混合物分次倒入其中拌匀。

5 加入溶化的吉利丁拌匀，再隔冰水降温至35℃。

6 分次加入打发淡奶油中拌匀，再加入5毫升咖啡酒拌匀，制成慕斯馅，装入裱花袋。

7 用保鲜膜将模具底封好。

8 用模具印一片原味蛋糕体，刷上步骤2的咖啡糖浆，放入模具内。

9 挤入一半慕斯馅，放入刷有咖啡糖浆的手指饼干。

10 挤入剩余一半慕斯馅抹平，放入冰箱冷藏至凝固。

11 用喷火枪加热模具侧边脱模。

12 在慕斯表面筛上可可粉，放上各种巧克力配件即可。

卡蒙贝尔芝士蛋糕

冷冻：3小时　难易度：★★☆

材料

饼干底：巧克力饼干碎70克，无盐黄油30克；**芝士糊**：奶油芝士160克，糖粉45克，淡奶油130克，浓缩柠檬汁10毫升，香草精2克，吉利丁片5克，冰水80毫升，朗姆酒5毫升；**装饰**：巧克力饼干碎30克

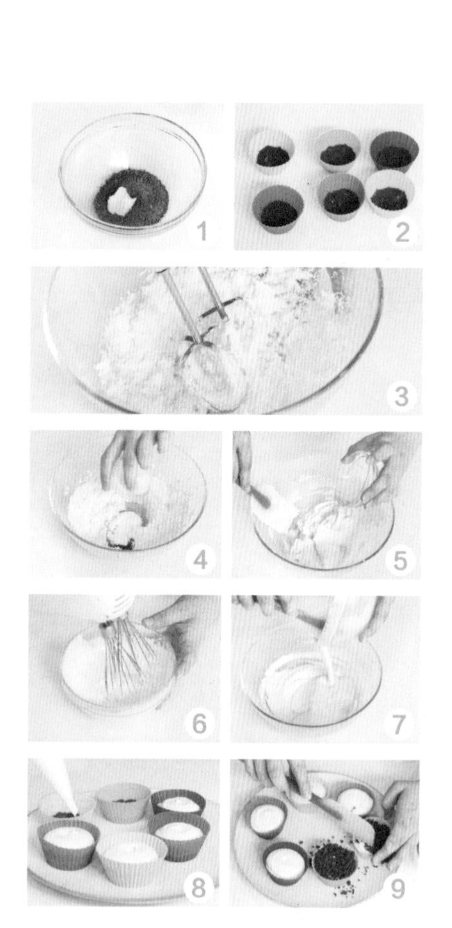

做法

1. 将无盐黄油加入70克巧克力饼干碎，搅拌均匀，制成黄油饼干碎。
2. 倒入模具中压实，放入冰箱冷藏30分钟。
3. 将吉利丁片用冰水泡软；奶油芝士用电动搅拌器打至顺滑。
4. 奶油芝士中加入淡奶油30克、浓缩柠檬汁、糖粉25克及香草精，搅拌均匀。
5. 吉利丁片滤干水分，用微波炉加热30秒，倒入步骤4的混合物中搅拌均匀。
6. 将100克淡奶油、20克糖粉及朗姆酒倒入新的搅拌盆中，用电动搅拌器搅拌均匀。
7. 倒入步骤5的混合物中，搅拌至完全融合，制成芝士糊。
8. 将芝士糊装入裱花袋中，注入到放有饼干底的硅胶模具中，放入冰箱冷藏15分钟。
9. 取出，在表面撒上30克巧克力饼干碎，放入冰箱冷冻2小时即可。

白巧克力香橙慕斯

冷冻：2小时　难易度：★★★

材料

巧克力蛋糕体6份，牛奶100毫升，蛋黄30克，白砂糖80克，吉利丁10克，白巧克力120克，淡奶油477克，浓缩柳橙泥90克，蛋白18克，水少许

做法

1 将牛奶、蛋黄、40克白砂糖放入锅中，隔水煮至浓稠，加入4克泡软的吉利丁拌匀。

2 加入隔水融化的白巧克力，加入打至七成发的250克淡奶油拌匀，制成白巧克力慕斯。

3 将40克白砂糖加水煮至118℃，加入蛋白快速搅拌至起发，制作成意大利蛋白霜。

4 浓缩柳橙泥隔水加热至45℃，加入6克泡软的吉利丁搅拌至融化，加入打至六成发的227克淡奶油中拌匀，制成柳橙慕斯。

5 用裱花袋装入白巧克力慕斯，挤入模具的一半，铺入一块巧克力蛋糕体，再用裱花袋装入柳橙慕斯挤满模具表面。

6 在表面再铺入一块巧克力蛋糕体，封上保鲜膜放入冰箱冷冻两小时，取出后脱模，放上意大利蛋白霜，放上装饰即可。

樱桃慕斯

冷藏：4小时　难易度：★★☆

材料

樱桃果泥100克，蛋黄1个，细砂糖85克，清水90毫升，吉利丁片10克，淡奶油150克，蛋清2个

扫一扫学烘焙

做法

1 将15克细砂糖和30毫升清水倒入小锅中，煮至焦黄色，制成糖水①；另用70克细砂糖和30毫升水制成糖水②。

2 将蛋清倒入搅拌盆中，快速打发，边搅拌边倒入糖水②。

3 另取一搅拌盆，倒入蛋黄，用电动搅拌器快速搅拌，边搅拌边倒入糖水①，至发白状态。

4 吉利丁片用30毫升水泡软，滤干多余水分，隔水加热融化，倒入步骤3的搅拌盆中，搅拌均匀。

5 倒入樱桃果泥，搅拌均匀。将淡奶油用电动搅拌器打发，取130克倒入其中，搅拌均匀。

6 将步骤2中1/3蛋白霜倒入，搅拌均匀，再倒回至剩余的蛋白霜中，搅拌均匀。

7 倒入容器中，抹平，放入冰箱冷藏4小时至凝固。

8 将剩余的20克已打发淡奶油装入裱花袋，挤在慕斯表面稍作装饰即可。

香橙慕斯

冷藏：4小时　难易度：★★★

材料

蛋糕体1个；**慕斯液**：橙汁100毫升，砂糖50克，清水15毫升，蛋黄2个，吉利丁片15克，君度橙酒10毫升，淡奶油220克；**装饰**：打发的淡奶油适量，鲜果适量

做法

1 把蛋糕体横刀分成两份。
2 淡奶油打发；吉利丁片泡软。
3 50克砂糖与清水煮成糖水。
4 蛋黄加入糖水、橙汁及君度橙酒，搅拌均匀。
5 加入泡软的吉利丁片拌匀。
6 分三次加入打发的淡奶油，拌成慕斯液。
7 慕斯模具底裹上保鲜膜；倒入慕斯液，放一层蛋糕体。
8 再倒慕斯液，铺上蛋糕体，放入冰箱冷藏4小时。
9 取出，脱模，以打发的淡奶油和鲜果装饰即可。

烘焙妙招

可随个人口味使用其他果汁代替橙汁。

玫瑰花茶慕斯

冷藏：4小时　难易度：★★★

材料

蛋糕体1个；**玫瑰慕斯液：**干玫瑰花适量，鲜奶90毫升，砂糖8克，吉利丁片5克，粉红色食用色素2滴，淡奶油300克

做法

1 干玫瑰花、鲜奶及砂糖8克煮沸，加盖焖5分钟，捞起玫瑰花。

2 取吉利丁片装入碗中，倒入鲜奶，搅拌至充分溶化。

3 滴入粉红色色素，拌均匀。

4 倒入打发的淡奶油中，搅拌均匀，制成玫瑰慕斯液。

5 蛋糕取出，冷却，脱模。

6 将玫瑰慕斯液加入模具中抹平，放上海绵蛋糕，冷藏4小时。

7 取出切块，挤上奶油，用干玫瑰花加以装饰即可。

烘焙妙招

脱模时要轻轻将模具提起，以防破坏蛋糕边缘。

蓝莓慕斯

冷冻：2小时　难易度：★☆☆

材料

慕斯预拌粉116克，牛奶210毫升，淡奶油333克，蓝莓果酱300克，海绵蛋糕体2个

做法

1 将牛奶倒入盆中，加热至翻滚，加入预拌粉，搅拌均匀，将盆冷却至手温。

2 将淡奶油用电动搅拌器充分打发，分两次倒入之前准备好的面糊中，搅拌均匀后加入蓝莓果酱，再次搅拌均匀。

3 将保鲜膜包裹在模具的一边，放入海绵蛋糕，倒入面糊，盖住海绵蛋糕，再放一层海绵蛋糕，倒入剩下的面糊，放入冰箱冷冻2小时即可。

双味慕斯

冷冻：2小时　难易度：★☆☆

材料

慕斯预拌粉116克，牛奶210毫升，淡奶油333克，草莓果酱150克，蓝莓果酱150克，海绵蛋糕体2个

做法

1 牛奶加热至沸腾，加入预拌粉拌匀，冷却。

2 淡奶油打发，倒入面糊拌匀，一分为二。

3 一份面糊中加入蓝莓果酱，搅拌均匀，另一份面糊中加入草莓果酱，搅拌均匀；将保鲜膜包裹在模具的一边作为底部 。

4 放入已准备好的海绵蛋糕体，倒入草莓面糊，盖住海绵蛋糕，再放一层海绵蛋糕，倒入蓝莓面糊，放入冰箱冷冻2小时即可。

柚子慕斯

冷藏：8小时　难易度：★★☆

材料

热水200毫升，柚子蜜15克，海绵蛋糕1片，吉利丁片10克，凉水80毫升，牛奶80毫升，蛋黄20克，淡奶油200克，蜂蜜柚子酱150克

做法

1 10克吉利丁片放入凉水中泡软，备用。
2 将牛奶倒入奶锅中，加热至60℃，关火。
3 取5克吉利丁片倒入牛奶中，搅拌溶解。
4 加入蛋黄及蜂蜜柚子酱，搅拌均匀。
5 将淡奶油倒入新的搅拌盆中打发。
6 将步骤4的混合物倒入奶油中，拌成慕斯液。
7 在慕斯圈底部包一层保鲜膜，倒入部分慕斯液，再将海绵蛋糕放入，再倒入慕斯液，抹平，放入冰箱冷藏4小时。
8 取一个新的搅拌盆，倒入少量热水，再放入泡软的剩余5克吉利丁片及柚子蜜，搅拌均匀。
9 取出冻好的慕斯，在表面倒上步骤8的混合物。
10 放入冰箱冷藏4小时，凝固后，用喷火枪在慕斯圈四周均匀加热，脱模即可。

烘焙妙招

可将慕斯液过滤一次再用。

四季慕斯

冷藏：3小时　难易度：★★☆

材料

牛奶慕斯底：牛奶400毫升，淡奶油180克，细砂糖30克，香草荚半根，吉利丁片12.5克，蛋黄3个；**装饰**：芒果丁、巧克力、奶油花、蓝莓、抹茶、樱花、桂花、葡萄、桃子、猕猴桃各适量

做法

1 吉利丁片剪成小片，用4倍量左右的冰水泡软（可食用的水）；香草荚剖开取籽。

2 将牛奶倒入锅中，放入细砂糖拌匀。

3 再将蛋黄、香草籽、香草荚放在小锅里搅拌均匀。

4 中小火熬煮并用刮刀不停搅拌，直到划过刮刀有清晰的痕迹时关火。

5 把泡软的吉利丁捞出，加在蛋黄糊里搅拌至溶解。

6 将淡奶油打至四分发（出现纹路但会马上消失，还会流动）。

7 分两次将淡奶油跟蛋黄糊混合均匀。

8 模具中倒入蛋奶糊，加入水果丁，摇晃平整，放入冰箱冷藏3小时至凝固，拿出，装饰即可。

烘焙妙招

慕斯煮至用刮刀划过有明显痕迹时关火。

草莓慕斯

冷藏：5小时　难易度：★★☆

材料

戚风蛋糕1片，打发的淡奶油160克，新鲜草莓汁230毫升，细砂糖70克，吉利丁片10克，柠檬汁15毫升，草莓丁70克，镜面果胶20克，草莓酱、草莓、夏威夷果仁各适量

做法

1. 新鲜草莓汁、柠檬汁、细砂糖、5克溶化的吉利丁、打发的淡奶油拌匀，制成慕斯液。
2. 在慕斯圈底部铺好戚风蛋糕，倒入一半的慕斯液，放上草莓丁，倒入剩余的慕斯液抹平，放入冰箱冷藏4小时或以上，取出。
3. 将草莓酱、5克溶化的吉利丁、镜面果胶，搅拌均匀，倒在蛋糕上，冷藏1小时，放上草莓和夏威夷果仁装饰即可。

芒果慕斯

冷冻：2小时　难易度：★☆☆

材料

慕斯预拌粉116克，牛奶210毫升，淡奶油333毫升，芒果果酱300克，海绵蛋糕体2个

做法

1. 将牛奶倒入盆中，加热至翻滚，在牛奶中加入预拌粉，搅拌均匀，将盆冷却至手温。
2. 将淡奶油用电动搅拌器充分打发，分两次倒入之前准备好的面糊中，搅拌均匀后加入芒果果酱，再次搅拌均匀。
3. 将保鲜膜包裹在模具的一边，放入已准备好的海绵蛋糕，倒入面糊，盖住海绵蛋糕。再放一层海绵蛋糕，倒入剩下的面糊，放入冰箱冷冻2小时即可。

香浓巧克力慕斯

冷藏：4小时　难易度：★★★

材料

蛋糕体1个；**慕斯液**：细砂糖12克，黑巧克力80克，水12毫升，淡奶油220克，蛋黄2个，吉利丁片（用清水泡软）10克；**装饰**：草莓1颗，巧克力片、打发的鲜奶油各适量

做法

1 把蛋糕体横刀分成两份。
2 黑巧克力融化成巧克力酱。
3 细砂糖与水煮溶，制成糖水。
4 蛋黄打匀，倒入糖水、黑巧克力酱，搅拌均匀。
5 加入吉利丁片，搅拌均匀。
6 淡奶油打发，加入巧克力蛋黄混合物中，拌成慕斯液。
7 模具底部包裹上保鲜膜，倒入慕斯液，放一层蛋糕体。
8 铺平后再倒慕斯糊，再铺上蛋糕体，冷藏凝固。
9 取出，脱模，以巧克力片、打发的鲜奶油和草莓装饰即可。

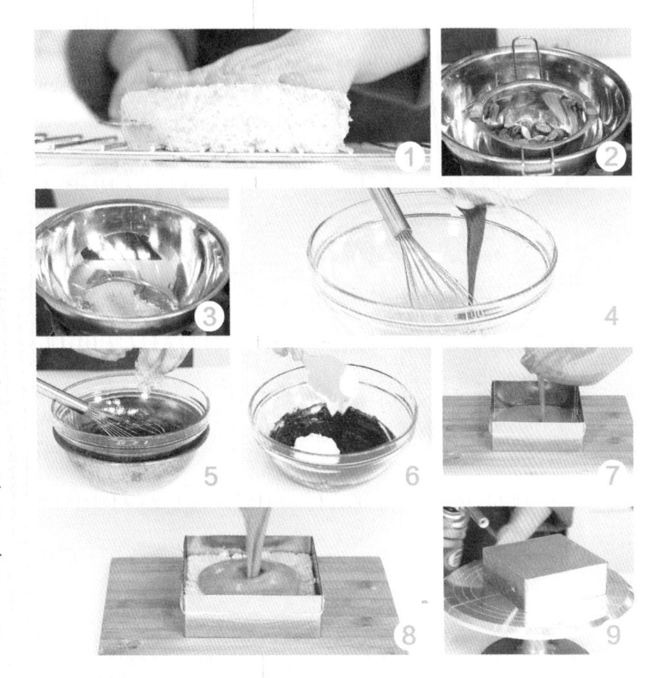

烘焙妙招

吉利丁片在加入搅拌前一定要先抖干水分。

巧克力淋面慕斯

冷藏：3小时 难易度：★★★

材料

蛋糕坯适量；**慕斯底**：黑巧克力100克，牛奶50毫升，吉利丁片5克，淡奶油210克；**慕斯淋面液**：牛奶130毫升，巧克力150克，果胶75克，吉利丁片5克；**装饰**：杏仁适量

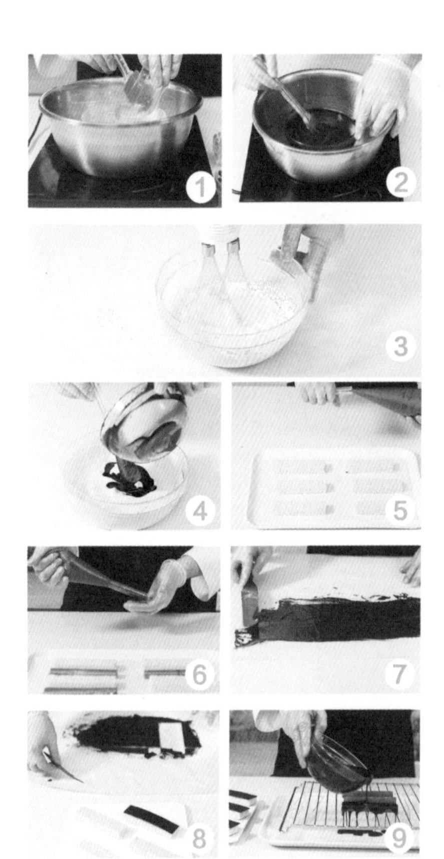

做法

1 把吉利丁片加冰水软化，再将所有淋面材料全部倒入锅中，隔水加热，用长柄刮刀搅拌均匀，即为慕斯淋面液。

2 把黑巧克力、牛奶和软化的吉利丁隔水加热，搅匀成巧克力酱。

3 把淡奶油打至六成发，制成奶油霜。

4 将搅拌好的巧克力酱（需留取部分待用）倒入打发好的奶油霜中翻拌均匀，即为慕斯底。

5 把切好的蛋糕坯放在垫有烘焙纸的盘中。

6 用裱花袋把慕斯底挤进长条形模具里，一并放入盘中，再放进冰箱冷藏3小时以上。

7 把剩余巧克力酱刷在平铺的烘焙纸上，待干，做成慕斯片。

8 将慕斯片裁成和蛋糕同等的大小，刷上果胶，粘在蛋糕上。

9 把冷冻好的慕斯放在网架上，淋上慕斯淋面液，把慕斯放在放有慕斯片的蛋糕坯上，用剩余的慕斯片和杏仁点缀即可。

咖啡慕斯

冷藏：4小时 难易度：★★☆

材料

饼干底：消化饼干60克，无盐黄油40克；**慕斯液**：淡奶油250克，糖粉40克，速溶咖啡粉20克，水50毫升，吉利丁片8克；**装饰**：杏仁片适量，打发的淡奶油适量

做法

1 吉利丁片中倒入30毫升水，泡软。
2 将剩余的20毫升水倒入速溶咖啡粉中，制成咖啡液。
3 用擀面杖将消化饼干碾碎，倒入室温软化的无盐黄油，搅拌均匀。
4 将黄油饼干碎倒入底部包有保鲜膜的模具中，压成饼干底，放入冰箱冷冻30分钟。
5 将淡奶油和糖粉倒入另一搅拌盆中，用电动搅拌器快速打发至流动状。
6 将吉利丁片沥干水分，隔水加热化开，倒入步骤5的混合物中，搅拌均匀。
7 倒入咖啡液，搅拌均匀，制成慕斯液。
8 从冰箱取出饼干底，将慕斯液倒入，放入冰箱冷藏4个小时至凝固。
9 取出凝固的慕斯，脱模，切块，在表面挤上打发的淡奶油，放上杏仁片装饰即可。

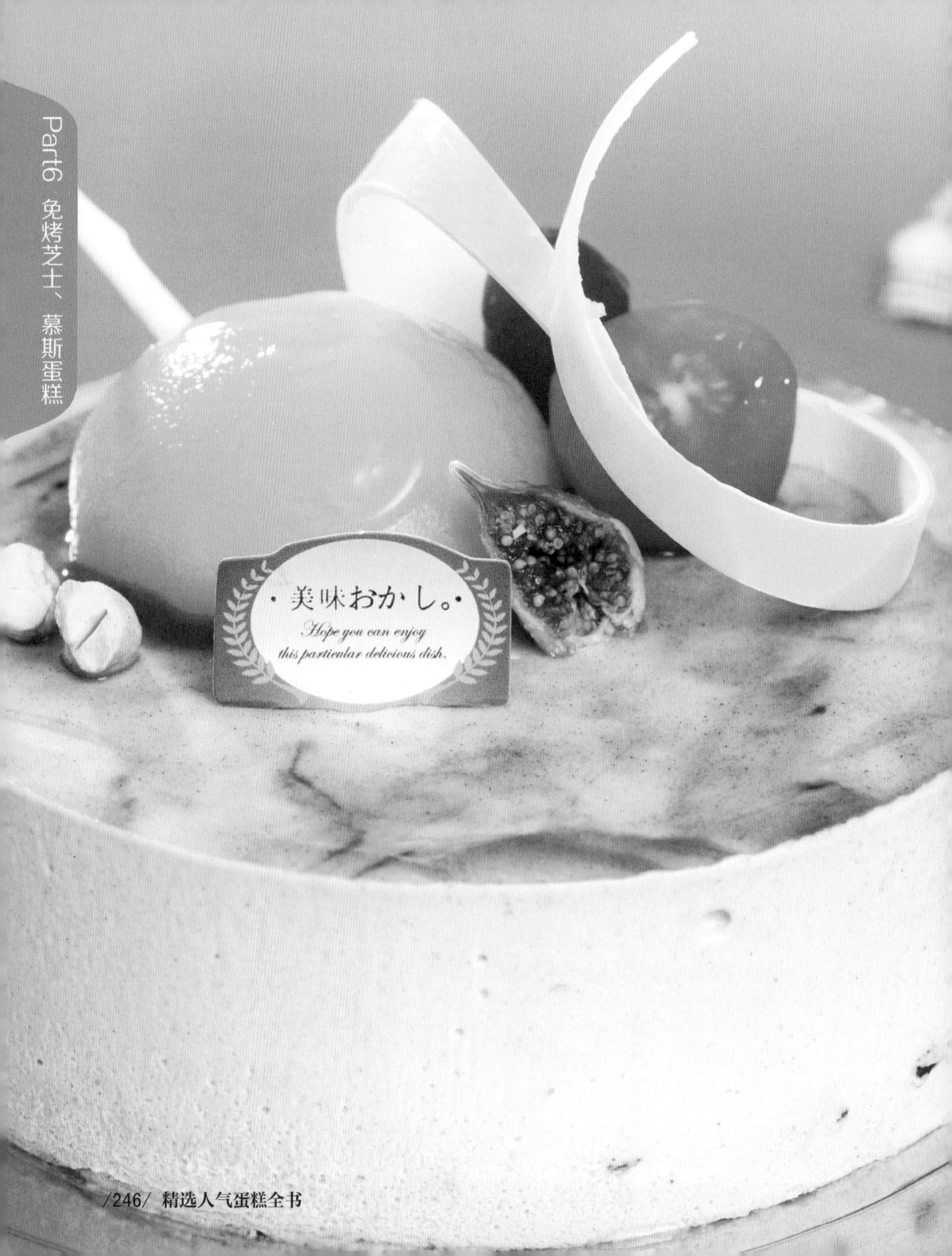
・美味おかし。・
Hope you can enjoy
this particular delicious dish.

抹茶慕斯

冷冻：3小时　难易度：★★☆

材料

抹茶蛋糕体适量，牛奶80毫升，抹茶粉5克，蛋黄28克，砂糖38克，吉利丁5克，淡奶油100克，炼奶75克，熟蜜红豆75克，新鲜水果适量，透明果胶适量，巧克力配饰适量，水少许

做法

1 将蛋黄、砂糖、2克抹茶粉、牛奶放入盆中拌匀，再隔热水，快速搅拌煮至浓稠。
2 将用冰水泡好的吉利丁片加入步骤1中拌至溶化。
3 将炼奶加入步骤2中拌匀，再隔冰水降温至38℃。
4 将步骤3的混合物分次加入打发的淡奶油中拌匀。
5 将熟蜜红豆加入步骤4中拌匀，即成慕斯馅料。
6 用20厘米慕斯圈印一片抹茶蛋糕片待用。
7 用保鲜膜将慕斯圈底包好，放入蛋糕片。
8 将步骤5的慕斯馅倒入步骤7的慕斯圈中抹平，放入冰箱冷冻至凝固。
9 3克抹茶粉与少许水调成抹茶酱，在冻好慕斯表面抹好透明果胶，再抹上抹茶酱。
10 用喷火枪加热模具侧边脱模。
11 在慕斯蛋糕表面摆上各种新鲜水果及巧克力配饰。
12 最后刷上透明果胶即可。

柠檬香杯慕斯

冷藏：4小时　难易度：★★☆

材料

淡奶油150克，细砂糖30克，青柠汁30毫升，牛奶60毫升，吉利丁片6克，焦糖核桃碎60克，柠檬块少许

做法

1 将淡奶油用电动搅拌器搅打至八分发，放入冰箱冷藏。
2 将细砂糖、青柠汁倒入平底锅中，用小火加热，搅拌至细砂糖完全溶化。
3 倒入牛奶，搅拌均匀。
4 捞出浸水泡软的吉利丁片，沥干水分后放入锅中，用手动打蛋器搅至完全溶化，制成牛奶液。
5 取出打发的淡奶油，倒入一半的牛奶液，用橡皮刮刀搅拌均匀。
6 再倒入剩余的牛奶液继续搅拌均匀，制成慕斯糊，装入裱花袋，用剪刀在裱花袋尖端处剪一个小口。
7 取布丁杯，挤入适量慕斯糊。
8 放上一层焦糖核桃碎。
9 再挤入适量慕斯糊，放上一层焦糖核桃碎，放入冰箱冷藏4小时。
10 在杯口出插上柠檬块作装饰即可。

烘焙妙招

可以在杯中挤一层慕斯糊冷藏至凝固，再放入核桃碎，分层会更清晰。

豆腐慕斯蛋糕

冷藏：3小时　难易度：★★☆

材料

巧克力蛋糕体2个；**慕斯馅**：豆腐渣250克，枫糖浆30克；**装饰**：开心果碎适量

做法

1 用慕斯圈去掉蛋糕体多余的边角料。
2 将豆腐倒入大碗中。
3 把豆腐用电动搅拌器搅打成泥。
4 加入30克枫糖浆，继续搅拌成慕斯馅。
5 将一块蛋糕放在慕斯圈里，倒入慕斯馅。
6 再盖上一块蛋糕，冷藏3小时。
7 将冷藏好的豆腐慕斯蛋糕脱模后放在盘中。
8 放上开心果碎作装饰即可。

烘焙妙招

慕斯圈周围用喷火器烤一下即可脱模。